鲜食葡萄
提质增效栽培技术

刘民晓　唐美玲　王　婷　刘万好　主编

中国农业出版社
农村读物出版社
北京

图书在版编目（CIP）数据

鲜食葡萄提质增效栽培技术 / 刘民晓等主编.
北京：中国农业出版社，2024. 8. -- ISBN 978-7-109
-32326-1

Ⅰ. S663.1

中国国家版本馆 CIP 数据核字第 2024GD7723 号

鲜食葡萄提质增效栽培技术

XIANSHI PUTAO TIZHI ZENGXIAO ZAIPEI JISHU

中国农业出版社出版

地址：北京市朝阳区麦子店街 18 号楼
邮编：100125
责任编辑：卫晋津　吴丽婷　　文字编辑：王禹佳
版式设计：杨　婧　　责任校对：周丽芳
印刷：北京中兴印刷有限公司
版次：2024 年 8 月第 1 版
印次：2024 年 8 月北京第 1 次印刷
发行：新华书店北京发行所
开本：700mm×1000mm　1/16
印张：10
字数：190 千字
定价：88.00 元

本 书 编 委 会

主　　编：刘民晓　唐美玲　王　婷　刘万好
副 主 编：宋志忠　肖慧琳　王建萍　郑秋玲　徐维华
　　　　　隋晶利　陈泰宇
参编人员：沙玉芬　慈志娟　李公存　陈咏梅　刘保友
　　　　　刘珅坤　黄　晓　张竹茂　孙行杰　杨鲁光
　　　　　于海军　王义菊　刘大亮　张学勇　张　伟
　　　　　张　晓　钟晓敏　谭洋洋　李俊玮　杨亚超
　　　　　孙万金　于慧丽　张　莉　鹿泽启　刘笑宏
　　　　　唐　岩　温　平　曹志毅　王　芳　周鹏辉
　　　　　杜远鹏　宋英珲　管雪强　袁延杰　汪建超
　　　　　吴丽晓　柳桂香　王新语　李　晶　王冬梅
　　　　　黄代峰　姜青梅　刘学军　赵　明　姜法祥

Foreword

　　葡萄是我国农业农村部规划的 25 个特色果品之一，是世界上加工比例最高、产业链最长、经济附加值最高的果品。截至 2022 年底，我国葡萄栽培总面积为 70.5 万 hm^2，年产量 1 537.79 万 t，产量位居世界第一。葡萄产业已经成为我国调整农业产业结构、增加农民收入和地方税收的重要经济产业之一。

　　广大果农朋友对葡萄新品种、新种植技术和模式等方面知识有着强烈的渴求，为了更好地推广葡萄科研成果，提高葡萄产业技术水平，我们组织有关科研人员，在查阅大量资料和吸收国外先进技术的基础上，总结科研成果和生产经验，采用通俗易懂的语言，编写成《鲜食葡萄提质增效栽培技术》一书，主要面向生产一线果农朋友，增强鲜食葡萄产品在国际市场上的竞争能力，促进葡萄产业实现绿色、优质、高效、安全、可持续发展。

　　由于编者水平有限，且编写时间比较仓促，书中不妥之处敬请同行、读者批评指正！

编　者

2024 年 1 月

Contents

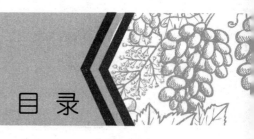

目 录

前言

第一章 概述 …………………………………………………… 1

一、我国葡萄产业现状 …………………………………… 1

二、我国葡萄产业存在的问题 …………………………… 3

三、我国设施葡萄产业现状 ……………………………… 4

（一）葡萄设施栽培的意义 …………………………… 4

（二）发展设施栽培需要注意的几个问题 …………… 5

（三）葡萄设施栽培的模式 …………………………… 6

（四）效益分析 ………………………………………… 6

第二章 建园与定植 …………………………………………… 8

一、园地选择 ……………………………………………… 8

（一）土壤选择 ………………………………………… 8

（二）位置选择 ………………………………………… 8

二、施肥整地 ……………………………………………… 8

（一）葡萄对土壤条件的要求 ………………………… 9

（二）土壤改良 ………………………………………… 11

三、葡萄园规划 …………………………………………… 11

（一）道路规划 ………………………………………… 11

（二）排灌系统规划 …………………………………… 12

（三）行距确定 ………………………………………… 12

（四）定植沟挖掘 ……………………………………… 13

（五）沟内土壤回填 …………………………………… 13

四、葡萄定植 ……………………………………………… 14

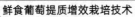
（一）苗木挑选 ……………………………………………… 14

（二）苗木处理 ……………………………………………… 15

（三）苗木定植 ……………………………………………… 15

五、葡萄立架 ………………………………………………… 16

（一）立支杆 ………………………………………………… 17

（二）拉钢丝 ………………………………………………… 17

（三）埋地锚 ………………………………………………… 17

六、防护措施 ………………………………………………… 17

七、定植当年管理 …………………………………………… 18

（一）地膜覆盖 ……………………………………………… 18

（二）选定主干 ……………………………………………… 18

（三）肥水促长 ……………………………………………… 19

（四）立架引绑 ……………………………………………… 20

（五）反复摘心 ……………………………………………… 21

（六）合理修剪 ……………………………………………… 22

第三章　优良鲜食葡萄品种 ……………………………… 23

一、鲜食有核优良品种 ……………………………………… 23

（一）巨峰 …………………………………………………… 23

（二）巨玫瑰 ………………………………………………… 23

（三）玫瑰香 ………………………………………………… 24

（四）红地球 ………………………………………………… 25

（五）阳光玫瑰 ……………………………………………… 25

（六）蜜光 …………………………………………………… 26

（七）春光 …………………………………………………… 27

（八）金手指 ………………………………………………… 27

（九）藤稔 …………………………………………………… 28

（十）魏可 …………………………………………………… 29

（十一）意大利 ……………………………………………… 29

（十二）摩尔多瓦 …………………………………………… 30

（十三）甬优 1 号 …………………………………………… 30

（十四）户太 8 号 …………………………………………… 31

二、鲜食无核优良品种 ……………………………………… 32

（一）碧香无核 ……………………………………………… 32

（二）夏黑 …………………………………………………… 32

（三）火焰无核 ……………………………………… 33

（四）紫甜无核 ……………………………………… 34

（五）紫脆无核 ……………………………………… 35

（六）红宝石无核 …………………………………… 36

（七）克瑞森无核 …………………………………… 36

第四章　葡萄园土肥水管理 …………………………… 38

一、土壤管理制度 …………………………………… 38

（一）清耕 ………………………………………… 38

（二）覆盖 ………………………………………… 39

（三）生草 ………………………………………… 40

二、肥料种类与应用 ………………………………… 41

（一）有机肥 ……………………………………… 41

（二）无机肥 ……………………………………… 42

（三）肥料施用时间 ……………………………… 43

（四）肥料施用方式 ……………………………… 44

三、灌溉技术 ………………………………………… 46

（一）灌溉时期 …………………………………… 47

（二）灌溉方法 …………………………………… 48

第五章　葡萄树体管理 ………………………………… 51

一、葡萄树栽培主要架式 …………………………… 51

（一）篱架 ………………………………………… 51

（二）棚架 ………………………………………… 52

二、葡萄架的建立 …………………………………… 53

（一）葡萄园的架材 ……………………………… 53

（二）葡萄架的架设方法 ………………………… 53

三、葡萄树整形修剪 ………………………………… 55

（一）修剪依据 …………………………………… 55

（二）树形 ………………………………………… 56

（三）几种主要树形的整形 ……………………… 58

（四）修剪 ………………………………………… 61

第六章　葡萄花果管理技术 …………………………… 65

一、花穗管理 ………………………………………… 65

（一）花穗整形的主要作用 …………………………………… 65

（二）无核化栽培的花穗整形 ………………………………… 65

（三）有核栽培的花穗整形 …………………………………… 66

（四）花期喷硼 ………………………………………………… 66

（五）花期主、副梢处理 ……………………………………… 67

（六）花期控肥控水 …………………………………………… 69

二、果穗的管理 ………………………………………………… 70

（一）疏果穗 …………………………………………………… 70

（二）疏果粒 …………………………………………………… 71

三、保花保果 …………………………………………………… 72

（一）葡萄落花落果的原因 …………………………………… 72

（二）防止落花落果的方法 …………………………………… 72

四、果穗套袋与摘袋 …………………………………………… 73

（一）果袋选择 ………………………………………………… 73

（二）套袋时间与方法 ………………………………………… 74

（三）摘袋时间与方法 ………………………………………… 74

（四）果实套袋的配套措施 …………………………………… 74

第七章　植物生长调节剂的应用 ……………………………… 76

一、葡萄常用的植物生长调节剂 ……………………………… 76

（一）生长素类 ………………………………………………… 76

（二）细胞分裂素类 …………………………………………… 77

（三）赤霉素类 ………………………………………………… 77

（四）乙烯类 …………………………………………………… 78

（五）生长延缓剂和生长抑制剂 ……………………………… 78

二、植物生长调节剂在葡萄上的应用 ………………………… 78

（一）促进生根与繁殖 ………………………………………… 78

（二）拉长花序 ………………………………………………… 79

（三）保花保果 ………………………………………………… 79

（四）果实膨大 ………………………………………………… 80

（五）无核化处理 ……………………………………………… 81

（六）延长或打破休眠 ………………………………………… 81

（七）植物生长调节剂的其他作用 …………………………… 82

三、应用植物生长调节剂的注意事项 ………………………… 83

（一）根据不同葡萄品种、树势、树龄选择植物生长调节剂……… 83

（二）生长调节剂处理只能作为栽培管理的辅助性技术 …………… 84

（三）根据气候等条件选择植物生长调节剂使用时期和浓度 ………… 84

第八章　葡萄病虫害防治 …………………………………………… 85

一、葡萄病虫害发生特点与综合防治 ………………………………… 85

（一）病虫害发生时期 ……………………………………………… 85

（二）病虫害诊断 …………………………………………………… 85

（三）综合防治 ……………………………………………………… 85

二、葡萄病害的识别与防治 …………………………………………… 87

（一）真菌性病害 …………………………………………………… 87

（二）细菌性病害 …………………………………………………… 92

三、葡萄重要虫害的发生与防治 ……………………………………… 93

第九章　葡萄生理病害和自然灾害 …………………………………… 97

一、常见生理病害的发生及防治 ……………………………………… 97

二、常见自然灾害 ……………………………………………………… 103

（一）高温伤害 ……………………………………………………… 103

（二）霜和霜冻 ……………………………………………………… 103

（三）冰雹 …………………………………………………………… 103

（四）风害 …………………………………………………………… 104

三、鸟害 ………………………………………………………………… 104

（一）鸟类对葡萄生产的影响 ……………………………………… 104

（二）葡萄园中常见鸟的种类及其危害特点 ……………………… 105

（三）鸟害发生的特点 ……………………………………………… 105

（四）防护对策 ……………………………………………………… 105

四、野生动物 …………………………………………………………… 107

（一）鼠兔类破坏 …………………………………………………… 107

（二）野生蜂的破坏 ………………………………………………… 107

第十章　葡萄采收与产后处理 ………………………………………… 108

一、葡萄贮藏前的商品化处理 ………………………………………… 108

（一）采收 …………………………………………………………… 108

（二）分级 …………………………………………………………… 110

（三）包装 …………………………………………………………… 110

（四）运输 …………………………………………………………… 112

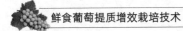
（五）预冷处理 ……………………………………………… 114

二、葡萄贮藏保鲜技术 …………………………………… 115

（一）葡萄贮藏适宜的环境条件 ……………………… 115

（二）葡萄防腐保鲜剂的使用 ………………………… 116

第十一章　葡萄园经营管理与葡萄市场营销 …………… 120

一、葡萄园经营类型 ……………………………………… 120

（一）生产型 …………………………………………… 120

（二）生态型 …………………………………………… 124

（三）综合型 …………………………………………… 126

二、葡萄市场营销 ………………………………………… 126

（一）基本原则 ………………………………………… 127

（二）营销渠道 ………………………………………… 128

（三）主要问题 ………………………………………… 128

（四）发展方向 ………………………………………… 130

第十二章　烟台地区鲜食葡萄连栋避雨栽培技术 ……… 132

一、葡萄抗逆栽培配套技术 ……………………………… 132

（一）葡萄优势栽培区划指导葡萄适地适栽 ………… 132

（二）葡萄品种选择 …………………………………… 132

（三）葡萄砧木选择 …………………………………… 132

（四）定植方式及树形培养 …………………………… 133

（五）简约树形 ………………………………………… 133

（六）生长季节管理 …………………………………… 133

（七）冬季管理 ………………………………………… 133

（八）春季管理 ………………………………………… 134

二、烟台产区烟葡 3 号连栋避雨栽培配套技术 ………… 134

（一）园地选址 ………………………………………… 134

（二）避雨设施的搭建 ………………………………… 134

（三）架式 ……………………………………………… 134

（四）苗木种植 ………………………………………… 134

（五）单干单臂＋飞鸟形叶幕树形培养 ……………… 135

（六）花果精细化管理技术 …………………………… 135

（七）土肥水管理 ……………………………………… 136

（八）病虫害防治 ……………………………………… 137

三、玫瑰香葡萄无核化配套栽培技术 …………………………… 137

（一）抹芽定梢 …………………………………………………… 137

（二）疏花序与花序整形 ………………………………………… 137

（三）新梢摘心 …………………………………………………… 137

（四）无核化处理技术 …………………………………………… 137

（五）果穗套袋 …………………………………………………… 138

（六）肥水管理 …………………………………………………… 138

（七）病虫害防治 ………………………………………………… 138

四、红地球葡萄简易避雨棚栽培技术 …………………………… 139

（一）避雨棚的搭建 ……………………………………………… 139

（二）避雨棚内的配套管理措施 ………………………………… 140

五、烟台地区阳光玫瑰葡萄避雨栽培技术 ……………………… 141

（一）避雨棚搭建 ………………………………………………… 141

（二）幼树期单干双臂＋飞鸟形叶幕培养 …………………… 142

（三）成年树体栽培管理技术 ………………………………… 142

第一章

概　述

一、我国葡萄产业现状

我国虽然是葡萄属植物的原产地之一，但葡萄栽培种并不原产于我国。葡萄栽培在我国已有 2 000 多年历史，经历了由西向东、由北向南的扩展过程，还经历了由庭院到零星栽培，再到规模化栽培的发展过程。随着我国农业及农村经济的快速增长，葡萄产业也得到了长足发展，栽培面积及产量均不断增加，已成为农村经济增长不可或缺的支柱型产业之一。然而，无论哪一个产业，在发展的同时，必然存在问题。因此，在发展葡萄产业的同时，必须认识到其中的问题，才能使葡萄产业持续发展。

1. 栽培面积和产量逐年增加

据统计，2019 年我国葡萄种植面积 1 089 万亩 *，产量 1 419.5 万 t，年产值超过 1 000 亿元；2020 年产量达 1 431.4 万 t，2021 年产量达 1 500 万 t，产量居世界首位。

2. 栽培区域不断扩大

近年来，我国葡萄种植呈现出西进、南扩的发展趋势，种植区域进一步调整优化，已初步形成西北及黄土高原传统优势葡萄产区、华北及环渤海湾传统优势葡萄产区、秦岭淮河以南亚热带设施及避雨葡萄产区、云南高原及川西优质特色葡萄产区、华南一年多收避雨栽培产区 5 个产区，以及东北冷凉山区葡萄特色产区和湖南怀化刺葡萄特色产区 2 个特色产区。

3. 栽培模式多种多样，设施栽培迅速发展

葡萄栽培模式的多样化是我国葡萄产业发展的一个重要表现，目前葡萄栽培模式已从单一的露地栽培发展到设施促成栽培、设施延后栽培、设施避雨栽培、休闲观光高效栽培等。葡萄设施栽培的发展，不仅扩大了栽培区域，调整了葡萄产业布局，调控延长了鲜食葡萄成熟和上市供应期，而且显著提高了葡萄产业的经济效益和社会效益。2021 年底，我国设施葡萄面积

---

* 亩为非法定计量单位，1 亩≈1/15hm²。——编者注

已超过 350 万亩，产量约 400 万 t，分别占我国葡萄栽培面积和产量的 32.8% 和 28%，居世界第 1 位。栽培类型包括设施促早栽培、设施延迟栽培和避雨栽培等。设施栽培不但扩大了葡萄栽培区域，调整了鲜食葡萄产业布局，而且调控了鲜食葡萄产期和上市供应期，从 4 月至翌年 2 月都有鲜食葡萄成熟上市，基本实现了鲜食葡萄周年供应，显著提高了葡萄产业的经济和社会效益。目前，设施葡萄平均亩收益 3 万～5 万元，高的可达 10 万元以上。

4. 品种结构逐步改善

我国葡萄栽培以鲜食葡萄为主，约占栽培总面积的 85%；酿酒葡萄约占 10%，制干葡萄约占 5%，制汁葡萄极少。目前我国葡萄栽培品种 90% 为国外引进，10% 为国内选育及我国传统地方品种。近年来，随着国外优良品种的引进和自主知识产权品种的陆续推广，葡萄品种结构逐步改善。鲜食葡萄欧美种群品种主要有巨峰、阳光玫瑰、夏黑和藤稔等，约占我国鲜食葡萄栽培面积的 60%，其中巨峰仍然是鲜食品种中栽培面积最大的品种，约占 25%，阳光玫瑰和夏黑种植面积达 200 万亩以上，约占 20%。欧亚种群品种主要有红地球、无核白、玫瑰香、无核白鸡心、红宝石无核、火焰无核和克瑞森无核等，约占我国鲜食葡萄栽培面积的 40%。

酿酒葡萄品种以赤霞珠、蛇龙珠、梅鹿辄、霞多丽和西拉等为主，栽培面积约占到我国酿酒葡萄栽培面积的 80%，其中赤霞珠占 50% 以上；中国特色葡萄资源毛葡萄、刺葡萄、山葡萄及山欧杂种约占 20%，为广西、湖南、吉林及辽宁部分地区主要的酿酒品种。

制干葡萄品种主要为无核白，栽培面积 60 万亩以上，主要在新疆的南部和东部栽培。

5. 栽培水平稳步提高

近年来，针对不同品种和栽培区域，葡萄栽培逐步实行标准化管理，不同栽培区域的葡萄标准化生产技术规程被研究制定。核心技术包括葡萄良种苗木繁殖技术、架式改造、简化修剪、无核化栽培、土肥水高效管理技术、限根栽培等，使葡萄栽培管理技术标准化水平显著提高，提高了葡萄产量、品质和效益。随着科研人员的努力，一些行之有效的科学方法不断被应用于葡萄栽培，如广西农业科学院研发的一年两熟技术、上海交通大学研发的葡萄根域限制栽培技术、甘肃农业大学针对高海拔冷凉山区研发的日光温室延后栽培技术以及三倍体品种的花果管理技术、阳光玫瑰的无核化栽培技术等的推广应用，不仅实现了葡萄的产区调控、错季栽培，也显著提高了葡萄的果实品质。高主干长主蔓树形、避雨栽培、病虫害综合防治、葡萄园生草和配方施肥等技术的普及，降低了葡萄的生产成本，提高了葡萄果实的安全性。

二、 我国葡萄产业存在的问题

1. 发展存在盲目性

我国葡萄栽培历史悠久、文化底蕴丰富，加之结果早、见效快，目前我国从南到北、从东到西，各地均在大力发展葡萄生产，甚至一些不适合栽培葡萄的高温多雨地区也大量栽培葡萄。一些企业在投资农业时往往也会选择葡萄栽培，在没有技术团队、缺少技术工人的情况下，失败者众多。

2. 品种选择缺乏科学性

不考虑当地具体的气候条件，不考虑品种的适应性、成熟期等，盲目选择品种是现代葡萄栽培行业较突出的问题。如 20 世纪 90 年代，鲜食品种基本都是红地球，酿酒品种几乎全为赤霞珠。21 世纪初，鲜食品种又都变为夏黑，近年来的鲜食品种则基本都是阳光玫瑰，违背了因地制宜、适地适栽的原则，也忽视了市场对葡萄品种的多样化需求。

3. 苗木繁育体系不健全

种苗的纯度和质量至关重要，但是葡萄生产和经营企业很少按种苗质量标准执行，出售假冒、劣等种苗现象时有发生，造成葡萄定植成活率低、葡萄园貌不整齐，严重影响葡萄的标准化管理和生产效益。目前我国 90％以上苗木由分散的农户生产，很多育苗户缺乏对市场信息的研究，苗木生产具有很大的盲目性，生产模式粗放，无法满足苗木生产标准化、规模化的要求。每年秋、冬季，各种果树杂志的广告中均有大量葡萄苗木销售的信息，但有的经销商没有合法手续，从当地或外地大量贩运获取苗木，再到各地兜售，往往会出现同一品种被当成多个品种或不同品种按同一品种销售的现象，以次充好，坑害农民，造成极坏影响。更有甚者，更换品种名称，大肆炒作宣传，谋取利益，侵害了育种者和育种单位的权益，导致育种单位不愿意拿出好的品种、限制育苗等，制约葡萄产业的健康发展。

4. 果品质量均一性差

我国葡萄生产标准化程度总体仍较低，许多产区仍未建立统一规范的生产操作技术规程或产品标准，优质标准化栽培理念尚未在广大葡萄栽培者中普及，盲目追求产量导致葡萄成熟期延后、着色不均或不着色、含糖量不高、口味变淡等，进而导致产品质量参差不齐、市场竞争力差、售价低等问题突出，限制了我国葡萄产业的发展。

5. 化肥农药使用不合理

葡萄生产中，农药（包括植物生长调节剂）和化肥不合理使用现象非常突出，存在"三乱"问题。一是乱用化肥，为了追求高产，不计成本大量使用化肥，导致土壤肥力、有机质含量下降，土壤酸化、板结严重；二是乱用农药、没病不防、有病乱打药问题较为普遍，预防为主、综合防控、科学绿色防控的理念没有得到很好执行；三是乱用植物生长调节剂，由于普及不够，消费者意识不成熟，大家只关注外观品质，片面追求早上市卖个好价钱，使用植物生长调节剂过度调控果实生长发育及成熟，需要什么喷什么，致使果品质量安全得不到保证，极易造成部分地区葡萄农药、重金属污染和植物生长调节剂残留超标等安全隐患。

6. 栽培成本增加，效益下降

随着农产品金融属性的增强和农业产业化的提升，外部因素对农业的影响不断加深。劳动力成本是农业生产的主要成本，葡萄生产中的修剪、花果管理、采收等重要环节又不适宜机械化，需要的劳动力较多。劳动力相对紧缺、农村老龄化严重等问题导致农业劳动力成本不断增加，进而导致葡萄生产效益大幅下降。据调查，现阶段生产 1kg 优质鲜食葡萄最低成本在 5 元以上，高的达 10 元，设施栽培阳光玫瑰每年每亩投入 1.5 万元～2.5 万元，露地葡萄园管理每亩最低成本达 0.8 万元以上。提高葡萄栽培管理的机械化水平，研发推广适合我国葡萄栽培的各种配套机械设备，实行农机农艺融合、减少劳动用工、降低生产成本已迫在眉睫。

三、 我国设施葡萄产业现状

（一）葡萄设施栽培的意义

葡萄设施栽培也称葡萄保护地栽培，是指利用人工设施改变环境小气候进行葡萄栽培的生产方式，是社会经济水平发展到一定高度的产物，也是集品种选用、设施设计与建造、综合配套栽培管理技术等于一体的高水平农业技术体系。

在充分利用自然环境条件的基础上，利用温室、塑料大棚等保护措施，改善或控制设施内的环境因子（包括光照、温度、湿度和二氧化碳浓度等），为葡萄的生长发育提供适宜的环境条件，进而提前或延后其成熟，从而获得较高的经济效益。葡萄设施栽培是葡萄由传统栽培向现代化栽培发展的重要转折，是实现葡萄栽培高产、优质、安全、高效的有效途径之一。与传统的露地栽培相比，葡萄设施栽培具有以下优点：①葡萄设施栽培可以通过控制设施内的光照、温度，在一定范围内促进葡萄提早成熟或延迟成熟，保证葡萄的周年生产和均衡上市。②葡萄设施栽培延长了生育期，克服了无霜期短的限制，扩大了优良品种的栽培范围。③葡萄设施栽培避免了降水对葡萄生长和结果的影响，可减轻白腐病、炭疽病、霜霉病等病害的侵染，减少农药使用量和使用次数，提高葡萄的质量安全，确保生产出无公害的绿色葡萄。④发展设施栽培可以为葡萄生长创造良好的条件，使葡萄成园快、结果早，有利于丰产、稳产。此外，设施栽培可通过提前或延后葡萄上市，弥补市场水果淡季，见效快，经济效益高。

（二）发展设施栽培需要注意的几个问题

1. 因地制宜，选择合适的设施类型

选择设施类型，一定要做到因地制宜。我国华北、西北地区，冬、春季云量较少，日照充足，但冬季温度较低，因此应以日光温室、塑料大棚为主，同时在温室结构、材料和栽培架式选择上要以能尽量多地吸收太阳辐射为原则，尽量减少光、热损耗。在北方冬季温度较低的地区，应以加温型日光温室为主，在温室的建造方式和材料上要充分考虑到保温、保光和节能。设施建成后，一般应用期限在 10 年左右，因此一方面要注意节约投资，另一方面要重视设施的牢固性，不要因盲目追求节省成本而造成日后的反复维修，这样反而会增加建设成本，降低经济效益。

2. 选择合适的设施栽培品种

葡萄设施栽培属于高效农业，品种选择对设施栽培效益的高低有决定性作用。适合设施内栽培的品种必须对设施生态条件有综合的应用性，这突出表现在以下几个方面。一是需冷量较低。需冷量即葡萄芽休眠后温度低于 7.2℃的总小时数。需冷量低的品种通过休眠较快，萌芽早，成熟也较早。二是耐弱光照。设施内光照度、光照时间仅为露地的 1/3～1/2，因此必须选择在弱光照下容易形成花芽、发芽率高、容易坐果、容易上色且上色整齐、成熟一致的葡萄品种。三是耐热性强。春季 4 月左右设施中温度高于 30℃对葡萄生长和结果影响较大，常导致叶片和果穗灼伤、萎蔫和脱落。四是早熟性明显。设施栽培主要目的是提早成熟、提早上市供应，因此应尽量选择成熟期早的品种，这样效益才会更明显。在设施延迟栽培中则应该选晚熟或者极晚熟的品种。五是大果穗、大果粒、优质、丰产。设施葡萄品种的商品性要突出，应大穗大果、色泽艳丽、优质、丰产，充分发挥设施栽培的作用。

3. 采用设施栽培配套技术促进优质、早熟、丰产

设施栽培与露地栽培完全不同，在设施栽培条件下葡萄植株休眠期缩短，萌芽到成熟整个物候期比露地栽培要早 30～50d，物候期的变化要求有与之相适应的栽培管理技术，如打破休眠、促进花芽分化、提高坐果率和叶片光合效率、提高品质等。人工调节设施内的光照、温度、湿度和气体成分成为设施栽培管理的主要工作。同时，在病虫害防治方面，设施栽培中葡萄病虫害的种类与发生规律与露地栽培也不完全相同，且设施栽培的葡萄生长处于一个较为封闭的空间，对药剂防治技术也有特殊要求。

4. 重视贮藏保鲜和包装，提高设施栽培效益

设施栽培产品属于高档产品，必须重视采后的贮藏保鲜和包装。设施促成栽培葡萄成熟时正值夏季，而且早熟品种本身耐贮性较差，采收后若不能及时销售，应注意采取合适的贮藏保鲜措施。因地制宜、精心管理、细致包装，提高葡萄品质和商品价值是设施葡萄栽培必须自始至终贯彻的原则。

（三）葡萄设施栽培的模式

葡萄设施栽培因栽培目的的不同，可分为促成栽培、延迟栽培和避雨栽培。

1. 设施促成栽培

以提早成熟、提早上市为目的的促成栽培，是我国葡萄设施栽培的主流模式。通过早春覆膜保温，后期保留顶膜避雨，即早期促成、后期避雨的栽培模式，可为早春、初夏淡季提供葡萄鲜果，为果农带来高额利润。

主要措施包括：①采用早熟品种，达到早中取早的效果。②采取温室加温、多膜覆盖、畦面覆盖地膜等措施，尽可能地提高气温和地温。③对枝芽涂抹石灰氮或氨基氰（别名单氰胺），打破葡萄枝芽休眠，促进提前萌芽。④通过限水控产、增施有机肥等措施，促进果实提早成熟。

2. 设施延迟栽培

延迟栽培是以延长葡萄果实成熟期、延迟采收、提高葡萄果实品质为目的的栽培模式。通过延迟栽培，可将葡萄调控在元旦、春节期间上市，既能生产优质葡萄，又可省去保鲜费用，延长货架期，可获得较高的市场"时间差价"。这种栽培模式适合质优晚熟和不耐贮运的葡萄品种。某些品种在某一地区露地栽培不能正常成熟，可采用设施延迟栽培，使其充分成熟。

3. 避雨栽培

避雨栽培是以塑料薄膜挡住葡萄植株，起到遮雨、防病、防雹、控制水分、提高品质等作用。这种栽培模式在我国降水量大的地区普遍推行，收效甚好，发展迅速。避雨栽培可以减少病害侵染，提高坐果率，改善果品品质，并可以有效防止葡萄因采前遇到降水而造成的裂果和腐烂，提高耐贮性，扩大欧亚种葡萄的种植区域。避雨栽培已成为生长季降水量大、病害多的葡萄产区最主要的栽培模式。南方地区又在简易避雨栽培的基础上，演化出促成加避雨栽培的新模式。

（四）效益分析

1. 社会效益

葡萄品种繁多、形状多样、色彩丰富、风味独特，在农村产业结构调整中，许多地方政府部门已将发展葡萄栽培作为实现农民增收的一个重要举措。葡萄用途广泛，除鲜食外，还可加工成罐头、果酱、蜜饯、葡萄汁、葡萄干、葡萄酒等，加工后的残渣仍可进行综合利用，其产品附加值成倍提高，市场潜力巨大。

同时，葡萄产业发展示范辐射带动功能强大，既可为企业发展开拓广阔空间，又可为区域经济创造良好的发展机遇，使地域资源优势向经济优势转化，加快当地农业现代化的发展速度。在满足社会物质生活需要的同时，能实现区域经济的可持续发展，为农村劳动力创造就业机会，增加农民收入，促进农村经济的发展。

2. 生态效益

葡萄既是经济作物，可用于商品化生产，又是长廊、庭院绿化树种之一，经济寿命长（栽培管理得当可活百余年）。虽然它的花朵极小，花色也不艳丽，但开花时香气四溢。葡萄果粒千姿百态，树干柔软易造型。葡萄盆景、葡萄长廊让人赏心悦目，流连忘返。据记载，早在 17 世纪，俄罗斯的莫斯科已出现世界上第 1 座观赏葡萄园。近年来，我国很多城市及景区也常以葡萄棚来点缀市容与风景。沈阳、上海等地的盆栽葡萄已进入千家万户，用以美化阳台、走廊、天井等。在农村，除大面积连片栽培葡萄外，还可在畜禽、水产养殖场及房前屋后、田边隙地栽培，能发挥遮阳、降温、净化空气的作用。

第二章

建园与定植

葡萄树的寿命和经济年限都较长，而生产管理相对复杂，不同的栽培方式对葡萄生产管理及销售都会产生较大影响。因此，建园时必须做好长期规划，科学地进行园地选择与定植。

一、园地选择

在建园时必须充分考虑影响葡萄栽培的各种因素。建园时需要考虑的问题很多，完全符合葡萄生产的园地是很难遇到的，因此，生产上建园时主要考察土壤质地和地理位置两方面的因素。

（一）土壤选择

葡萄生长对土壤条件的要求不是十分严格，偏沙质的土壤栽培葡萄相对较好。一是沙质土壤春季温度回升较快，葡萄可提早成熟，适于早熟品种栽培时选用。二是沙质土壤温差大，有利于糖分积累，可以提高果实品质，这在消费者消费水平不断提高的情况下显得较为重要。对于土壤条件不好的地块，要加强对土壤的改良。在黏土地、盐碱地种植葡萄时，通过增施有机肥等措施，对土壤进行一定程度的改良，这样才能达到良好的效果。

（二）位置选择

葡萄园尽可能选在交通方便的地方，以便于产品外运销售，尤其是以采摘观光为目的时，一定要考虑到顾客的方便，尽量选在城市郊区、高消费人群分布较为集中的地区。靠近当地交通要道及旅游观光区时，对销售将更为有利。要选择排水灌水比较方便的地方。

二、施肥整地

建园时需要对土壤进行一些必要的准备工作，如清除原土地上不利于建园的障碍及植被、平整土地等，尤其是根据园地土壤质地进行必要的改良，满足葡萄栽培要求。

（一）葡萄对土壤条件的要求

1. 疏松的土壤结构

在相对疏松的土壤上，葡萄根系才能够较快地生长并能良好地发育。维持一个庞大而健壮的根系是保证葡萄正常生长发育的基础，对葡萄生产具有十分重要的意义。土壤是由固体、液体、气体组成的疏松多孔体，土壤固体颗粒之间是空气和水分流通的场所，必须保持一定的孔隙度，才有利于葡萄根系吸收养分，保证根系正常的生长发育。土壤容重是反映土壤松紧度、含水量及孔隙状况的综合指标，土壤容重与葡萄根系发育关系密切。一般来说，土壤容重较小（即较为疏松）时，根系生长发育良好，根系大量分布；土壤容重较大时，根系生长发育受阻。研究表明，当土壤容重超过 $1.5g/cm^3$ 时，葡萄根量明显减少。土壤中的孔隙比例在葡萄生产中有重要意义。沙土土粒粗，孔隙大，透水、透气性较好，但保水保肥能力差；黏土则相反，虽然保水保肥性好，但透气、透水性较差，土壤温度不易上升。而壤土居于二者中间，孔隙比例适当，既有良好的透气、透水性，又有良好的保水保肥能力。土壤结构是指土粒相互黏结成的各种自然团聚体的状况。通常有片状结构、块状结构、柱状结构、团粒结构等，以团粒结构的土壤栽培葡萄最为理想。团粒结构的土粒直径以 2～3mm 为宜。团粒结构的土壤稳定性好、具有良好的孔隙性质，能协调透水和保肥的关系，土壤中微生物种类多、数量大，有利于土壤有机质的分解，便于养分被作物吸收，有利于葡萄正常生长发育。团粒结构的形成与土壤有机质含量关系密切，增施有机肥、反复耕耙等有利于团粒结构的形成。

不同的葡萄品种对土壤条件有不同的要求。一般来说，欧美种根系较浅，需要较强的土壤肥力，适合在微酸性、微碱性及中性土壤上栽培，对盐碱地则比较敏感，不耐石灰质土壤，但对于土壤结构要求不严，在黏土、重黏土上也能栽培；而欧亚种属于深根性，对土壤肥力要求没有欧美种高，但对于土壤结构要求较高。在沙土、沙壤土上表现良好，更适合栽植在碱性、中性、微酸性土壤上。生产上施肥整地等都应将改善土壤孔隙度、改善土壤团粒结构作为一个基础性工作引起特别重视。

2. 较高的有机质含量

土壤有机质是指存在于土壤中的所有含碳有机化合物。有机质含量是优质葡萄生产的一个非常重要的土壤指标，对土壤的性质起着重要作用，对葡萄的质量和产量有十分重要的影响。土壤有机质的主要组成元素为碳、氧、氢、氮，碳氮比（C/N）一般在 10 左右。

土壤有机质一般分为两类，一类是还没有分解或部分分解的动植物残体，这些残体严格来说并不是土壤有机质，只是存在于土壤中的有机物质，尚未成为土壤的组成部分；另一类是腐殖质，它是土壤中的有机物质在微生物的作用下，在土壤中新形成的一类有机化合物，这类有机化合物与一般的动植物残体及土壤中的其他化合物有明显不同。稳产优质的葡萄园，土壤 pH 一般应为 6.5～7.5，有机质含量应保持在 1.5% 以上。

在现代葡萄生产中，土壤中较高的有机质含量对改善葡萄品质、促进葡萄生长发育具有非常重要的意义，应引起我们高度重视。土壤有机质含量增加，土壤结构、土壤理化性质、土壤营养等也会得到相应改善，葡萄生长发育水平将会明显提高。据统计，国外优质葡萄园土壤有机质含量高达 7% 以上，而我国目前大部分土壤有机质含量还不足 1%，差距十分明显。

土壤有机质需要经过降解过程才能转化为植物需要的营养，这些过程包括在良好的通气条件下，有机质经过一系列好气微生物的作用，彻底分解为简单无机化合物。土壤有机质在分解的同时释放出二氧化碳、水和能量被植物利用。土壤微生物在有机质的转化中起到巨大的作用，它主导着土壤有机质转化的基本过程。因此，影响有机质转化的条件就是微生物转化的条件，如土壤水分、温度、pH、营养物质等。通常要适当增加一些氮肥才能更有利于微生物活动而加速秸秆等物质的分解。

土壤中的有机质含有植物生长发育需要的各种营养元素，对土壤的物理、化学和生物学性质有很重要的影响。增加土壤有机质含量是我国葡萄优质化、精品化生产的重要基础性工作，从一定意义上说，它决定着葡萄园未来的发展，应引起高度重视。土壤有机质含量提高，土壤结构与肥力也会相应改善，葡萄将会生长健壮、发育均衡、花芽分化良好，外观及内在品质将得到明显提高，而且各种病害减轻，管理费用降低。

生产上提高土壤有机质含量的主要措施有定植前大量施用有机肥或秋季施用有机肥作基肥，还可以在葡萄行间生草，待草长到一定程度时翻入土中。总之，土壤有机质含量提高，葡萄优质精品化生产就会变得相对简单。

3. 充足而均衡的养分

当营养不足时，葡萄生长发育就会受到影响。良好的生长发育要求营养要充足，只有营养充足了，葡萄才会健康地生长发育。在不同的生长发育阶段，葡萄对养分的需求也有所差别，某种元素过多或者过少时，都会破坏养分平衡，给葡萄带来不良影响，需要通过追施肥料进行调节，使之符合葡萄生长发育的要求。

元素之间存在着相助与相克作用，如锌是钙的增效剂，当土壤中锌含量充足时，可增强葡萄对钙的吸收利用。这种现象称为相助作用。当土壤中一种元素含量增加时，葡萄根系对另一种元素的吸收利用减少，这种现象称为元素之间的相克作用，也称为拮抗作用。如磷过多或过少时，影响葡萄对硼、锰、锌的吸收；钾含量较高时，影响葡萄对氮、镁、钙的吸收；钙含量较高时，影响葡萄对钾、镁的吸收；镁含量较高时，影响葡萄对钙的吸收。葡萄对元素的吸收利用是一个复杂的过程，葡萄正常的生长发育需要充足而均衡的营养，单个元素不可盲目地过量施用，否则会带来不良影响，甚至会引起连锁反应。

(二)土壤改良

葡萄定植前的施肥整地是保障葡萄健康生长的基础性工作。以优质化、精品化为生产目标时，更应该重视所施用的有机肥种类和数量。定植后，由于葡萄植株与架材占据一定的位置，进行土壤改良不方便，因此，要高度重视定植前葡萄园有机肥的施用。

施用的有机肥一般应以充分腐熟的食草动物的粪便、农作物秸秆为主，如牛粪、羊粪、粉碎的玉米秸秆、小麦秸秆等，这些有机肥对改良土壤结构效果较为显著。在我国中部和北部地区，以玉米茬种植葡萄时，玉米采收后，可将秸秆就地粉碎，在此基础上，再施用一次有机肥，施肥标准可结合土壤特性、栽培目标等决定，一般每亩可撒施 $5\sim10m^3$，可分两次施入田间。第一次有机肥施用后，采用专用深翻型深翻。春季，当土壤解冻后，将土壤旋耕一次，每亩可再施用 $5\sim10m^3$ 有机肥，并加入 $30\sim50kg$ 的复合肥，深翻、旋耕，等待定植。充分腐熟的猪粪养分较为丰富，对苗木生长十分有利，且能保持较长时间的肥效，定植当年葡萄生长较为健壮，叶片青绿。

当犁地深度能达到 $35\sim40cm$ 时，可直接定植葡萄苗。如深度不能达到要求的标准，在定植前需按照行距开沟定植，并于沟内填进一定量的有机肥，一般以充分腐熟后的食草动物的粪便为好，以改良土壤结构，保持根系生长处于一个疏松的土壤环境下。

三、 葡萄园规划

葡萄园必须在调查、测量的基础上，科学地规划和设计，使之合理利用土地，符合现代化先进的管理模式，采用最新的技术，减少投资，提早投产，在无污染的生态环境中提高葡萄质量和产量，可持续地创造较理想的经济效益和社会效益。

(一)道路规划

道路设计应根据果园面积确定。葡萄园以 10～20 亩一小区较为适宜，面积过大则田间作业不方便，工作人员有疲劳感。面积过小则浪费土地。在一般情况下，园地面积较大时，应设置大、小两级路面。大路要贯穿全园，与园外相通，宽度一般为4~8m。小路是每小区的分界线，是作业及运输通道，方便管理，主要应考虑到喷药及耕作等机械的田间操作。如采取南北行向栽植时，小区之间的东西向小路宽度应为3~4m，以方便机械在相邻两行之间转弯作业，而南北向的小路可适当窄些。

道路规划应兼顾到每行种植葡萄的株数，而株数的确定，应结合两个立杆间的距离而进行，为了兼顾果园的外观效果，每行栽植的株数应为两个立杆间距离的倍数。这样，立杆在田间才会整齐划一，富有美感。

（二）排灌系统规划

葡萄园灌溉系统的建立必须有充足的水源。要重视建立灌水设施，保证在葡萄需要水分的时期能及时浇水，并达到有计划地灌水。灌水不仅是干旱时应该采取的一项技术措施，更重要的是灌水可以配合田间施肥，促进果树对肥料的及时充分利用，达到理想的效果。微喷灌及滴灌技术在我国多地被广泛采用，其肥水一体化供应可大大提高工作效率，而且可提高肥料利用率、节约水资源，对土壤不造成板结，有利于葡萄生长发育。

同时也要重视排水设施的建设，无论是在我国南部还是中部地区，葡萄园都应重视排水设施的建设，葡萄园湿度过大或者连续多日积水，不仅会使葡萄根系生长吸收受阻，地上部会表现出一些生理病害而严重影响葡萄的生长发育，而且还会造成植株徒长，严重影响到葡萄的花芽分化，直接影响到翌年的产量与质量。保持果园相对干燥的土壤环境对果实品质提高、花芽分化等具有非常重要的作用。在葡萄成熟期间，田间水分如不能及时排出，对葡萄品质也会有很大影响。

（三）行距确定

葡葡行向一般包括东西行向和南北行向。采取棚架栽培时，多为东西行向，这样可以让棚面充分接受到阳光照射，便于管理和提高产量。而采取V形架及其他栽培方式时，则南北行向较多，以保证更为科学地利用阳光。行距的确定应根据不同的架式并参考品种的生长势决定。在一般栽培条件下，V形架行距应保持在2.5m左右，行距过小不利于田间作业，尤其是采取避雨栽培时更是不便，行距过大则浪费空间，影响产量提高。避雨栽培条件下，V形架行距可加大到2.8~3.0m，应根据确定的干高和土壤条件而定。小棚架行距一般为4~5m。行距较大有利于田间机械作业。当行距过大时，不利于前期产量提高。在人工费用越来越高的情况下，扩大行距、增加机械作业比例是今后发展的趋势。

（四）定植沟挖掘

定植沟按照行距进行挖掘。定植沟挖掘的目的是创造一个利于根系生长发育的良好土壤环境，施用有机肥及其他肥料后的土壤结构及土壤肥力将得到明显改善，并可有计划地使葡萄根系在熟土层内生长，促进葡萄提早进入丰产期，为今后健康发育打下一个良好基础。按照行距开挖定植沟，沟的宽度一般为 80cm 左右，深度为 60cm 左右。对于降水较多的地区、土壤黏重的地块、巨峰系品种，由于根系分布相对较浅，沟也可适当浅些。如果定植沟过深，有机肥将会更为分散，单位体积土壤内的有机肥含量降低，且大量的生土被挖出来不仅浪费人力物力，而且会对葡萄生长不利。

定植沟一般要在冬季寒冷天气来临之前挖掘完成。定植沟挖掘通常有机械挖掘、人工挖掘、人工和机械挖掘结合 3 种方式。机械挖掘多采用挖掘机，其优点是开挖成本较低、速度较快，缺点是挖掘机在田间进行作业时，会将原本松软的土壤压实而影响葡萄根系生长。人工挖掘的优点是挖掘质量较高，生土与熟土可严格地分开放置，在我国劳动力资源越来越短缺的情况下，人工挖掘掘成本过高。采取人工结合机械挖掘的，通常采用机械将土壤向外深翻，来回各一次，在此基础上，再进行人工挖掘。采用人工挖掘时，为节省成本，当定植沟挖至 30～40cm 深时，下面的土可不必翻出来，可将一定量的肥料撒入沟内直接翻入，春季栽植前再进行上部土壤回填。因下部土壤多为生土，因此有机肥和其他肥料的施用比例应适当增加，以利于土壤结构改良和增加土壤肥力。定植沟挖掘时，上部的熟土与下部的生土要分层挖掘、分别放置，以便能按照要求做到科学回填。

（五）沟内土壤回填

定植沟的回填一般在春季进行，可于定植前 1 周完成，有条件的地方，定植沟的底层可放置 10～20cm 厚的作物秸秆，以提高土壤的通透性。沟土回填的原则是能保证沟内土壤疏松、养分充足、肥料均匀分布，并保证根系生长在熟土层内。为达到这些目标，我们提倡在定植沟内填入经过施肥整地后的地表熟土，这样田间操作也较为方便，也较利于当年定植葡萄树的生长发育，因为地表土经过多年的耕作，土壤肥力较好，且开沟前所施用的肥料经过深翻与旋耕后，在土壤表层分布较为均匀。实践证明，采用这样的回填方法，定植苗在当年即可获得较快的生长，第 2 年即可获得相当的产量。在定植沟较窄较浅、定植行较宽时，适合采用这样的回填方法，因为田间操作起来相对方便。定植沟开挖时，就要做到生土与熟土在沟的两边分开放置，将熟土和与熟土一边的表土回填到沟内，达到与周围地面平齐或略低于周围地面，然后将挖出的生土撒在因地面表土被填入沟内而形成的低洼处。

当定植沟较宽较深、行距较小或挖掘机不能严格控制生土熟土分开放置时，要达到沟内全部填入土壤表面熟土的目标恐怕会有一定难度，可能仍要采取分层回填的方法。

在我国中部地区的一般土壤上，葡萄根系多分布在地下 20～40cm 处，因此，土壤回填时要参考这一情况进行。土壤回填时，土与肥料要分层均匀填放，并用工具将肥料与土壤掺和均匀。在原来施肥的基础上，此次沟内也要施入一定量的有机肥和化肥。有机肥仍以充分腐熟的食草动物粪便为主，每亩施 3m³ 左右，要在施用前晒干打碎。尿素和氮磷钾三元复合肥每亩用量可保持在 10kg 左右，定植时要保证化肥不能直接与根系接触，以免对苗木产生伤害。沟内施肥工作做好了，可以保证当年幼树健壮生长。而施肥效果的好坏除与施肥量有关外，与肥料是否能均匀地掺入土壤也有很大关系。生产上常遇到的问题是定植沟内施用未经腐熟的潮湿成块的有机肥，尤其是鸡粪等有机肥集中地施入沟内后，由于不能与土壤充分拌匀，对葡萄根系生长十分不利，在一定程度上还会产生伤害，应加以避免。

四、 葡萄定植

葡萄品种及砧木苗应根据当地气候及园地情况进行选择。定植时选择无病毒苗木，并充分考虑苗木长势、果园规划情况、采取的架式等因素，对苗木进行必要的技术处理以提高定植成活率，同时要考虑到行间距、朝向等，为优质葡萄的生产打下良好基础。

（一）苗木挑选

苗木质量直接关系到定植当年生长的好坏，定植高质量的苗木是促进当年良好生长及在第 2 年获得一定产量的基础性工作，应引起足够的重视。高质量的苗木应是根系较为发达、拥有 2～3 个发育良好的饱满芽的大苗。定植苗刚发芽时，最初消耗的是苗木体内的营养，大苗体内贮存的营养物质更多，发芽就会更早，抽生的新梢生长也更快。当定植苗生长到一定阶段，体内营养物质被消耗得差不多时，这时根系是否发达将对苗木生长产生重要影响。健壮的根系一般呈亮黄色且发达，死亡的根系一般为黑色，死亡时间较长时根系甚至带有白色霉状物。苗木要分级定植，这样可提高田间生长的整齐度，使高低更趋一致而便于管理。苗木质量的差异会带来植株生长发育上的差异，因此在苗木定植时，要确保定植优质的、符合要求的苗木。剩余的苗木最好栽植在较大的营养钵内，以方便发芽后的田间补苗，以备替换田间不发芽的、生长缓慢的苗木。

严格把握定植这一关，对于促进提早结果与丰产是非常必要的。在我国，因苗木质量欠佳而导致定植后生长发育不良的现象非常普遍，待出现这种现象后再采取施肥、浇水等补救措施，即使花费大量的人力物力，有时也达不到优质苗木生长发育的水平。

（二）苗木处理

1. 清水浸泡

葡萄苗木在冬季贮藏的过程中会失水，为提高成活率，通常在定植前对苗木进行清水浸泡，使其吸水，有利于萌发新根和萌芽。浸泡时间一般为12h左右，在冬季贮藏中失水严重的苗木可适当增加浸泡时间。

2. 药剂处理

为杀灭苗木枝条所带病菌，在苗木浸泡取出后，要对其进行药剂处理。生产上多采用杀菌剂对地上部分进行浸蘸处理，此时可采用具有内吸作用的杀菌剂，常用的有多菌灵等。由于枝条尚处于休眠期，且刚从水中捞出，配制的杀菌剂可以适当浓一些，如采用多菌灵消毒时，可使用100～200倍液。此外，还可采用3～5波美度石硫合剂进行枝条消毒。

3. 苗木修剪

对于茎较长的苗木要进行修剪。较短的苗茎可促使苗木生长更加旺盛，而且芽眼较少时可减少抹芽的工作量。修剪后，苗茎一般要保留2～3个饱满芽。较长的根系也要进行修剪，根系修剪后，有利于发出新根。根系保留长度一般不超过15cm。经过修剪后，由于地上部分与地下部分保留的长度基本一致，幼树生长相对较为整齐。

（三）苗木定植

1. 定植时期

葡萄苗木多在春季定植，不同地区一般定植时期不同，主要应根据根系活动始期而定。我国中部地区一般在3月上旬（惊蛰前后）即可开始定植。在采取地膜覆盖的情况下，土壤墒情得到很好的保障，春季温度回升到一定程度时，也可提前开始定植。生产实践表明，春季定植较早的苗木生长更为旺盛。

2. 株距的确定

采用V形架、V形水平架定植时，株距多为1～2m，第2年或第3年即可进入丰产期。结果后的植株应不断间伐，使单位面积株数逐渐变少且最终达到一定的数量。生产实践证明，葡萄进入丰产期后，在株行距较大的情况下，树体发育更加完整，树体长势趋于中庸，更便于管理，果实发育较为一致，更有利于优质生产。

在苗木定植前，先确定地头第 1 根立杆的位置。在确保行距一致的情况下，每行地头的第 1 根立杆要在一条直线上。在确定每行第 1 根立杆的基础上，进行株距确定和标记。

3. 定植

在苗木定植前，园中架材的放置要南北或东西行向一致，尤其是在避雨栽培条件下，更应考虑这些因素，以利于架材搭建。在避雨栽培条件下，为达到这样的目标，常采用先搭建架材，然后再定植苗木的方式。如果先定植苗木，应考虑到架材搭建的位置，并进行标记，在标记的基础上进行苗木定植。

根据苗木根系大小决定穴的大小，穴一般中间高，四周低。苗木放置时，将根系向四周舒展。苗木覆土后，苗木定植处土壤略高于周围，用手掌压实，或者用脚轻轻踩实。葡萄的根系附近不要有肥料，不能让根系与肥料直接接触，尤其不要直接接触速效化肥，以免对根系造成伤害。嫁接苗的嫁接口不能埋入土内，否则嫁接口处将会长出新根，失去了嫁接的意义。

田土回填至接近满沟时进行浇水灌溉，浇水后沟内土会下沉，2～3d 后再进行苗木定植，这样苗木根系就可以生长在设定的深度范围内。如灌水不便，可人工用脚将沟内土踩实等待定植。要适当浅栽，一般上部根系距离地表 5cm左右，这样有利于葡萄苗木迅速生长。定植过深时，苗木根系多分布在生土层，往往生长不旺。根系分布较深，会给以后田间施肥管理等造成较大困难。从地理位置看，南方定植应浅一些，而北方冬季温度较低，为防止根系遭冻害，定植应适当深些。

葡萄定植后，要及时开挖浇水沟浇水。为提高成活率，一般定植当天浇水完毕。大水漫灌会造成土壤表面开裂而影响将来苗木生长，一般以滴灌、喷灌为好。

目前生产上多采用黑色地膜进行覆盖，因为黑色地膜有防止杂草生长的作用。覆盖时，将苗木从地膜孔取出，苗木出口处用碎土压实，地膜两侧也要拉紧压实，以减少地膜下水分向外蒸发。

五、 葡萄立架

葡萄的架式与葡萄的品质密切相关，葡萄立架的质量决定着葡萄生产的效率。葡萄必须依附架材支撑去占领空间，所以每年要通过人工整形，才能使枝蔓合理地分布在架面上，使其适应自然环境，充分接受光照，以形成优质、丰产的优良树形。

（一）立支杆

1. 水泥柱

水泥柱由钢筋骨架、沙、石、水泥浆制成，为保证质量，一般采用较高标号的水泥。由 4 根 8 号冷扎丝或直径为 6mm 的钢筋为纵线，与 6 条腰线组成内骨架。

2. 镀锌钢管

镀锌钢管的规格一般为 DN32（外径 42.4mm）或 DN40（外径 48.3mm），为防止生锈，一般采用热镀锌钢管。下端入土 30～50cm，采用沙、石、水泥做柱基，柱基直径 15～20cm，可保证稳固性。柱基坑可用机械挖掘。机械挖掘后，坑较为坚实，填入混凝土后，立杆较为稳固。

采用 V 形架时，在钢管的干高部位钻一小孔，以备穿钢丝使用。在每行树两个地头立杆的穿钢丝的小孔位置拉一根细线，以确定每行中间立杆小孔在一条直线上。当下方的小孔在一条直线上时，立杆上部也将会在一个平面上，这样就会达到整齐一致的效果。

（二）拉钢丝

为避免生锈，葡萄园常使用镀锌钢丝。在保证质量的情况下，尽可能使用较细的钢丝，可节约成本。直径为 1.6mm 左右的镀锌钢丝在葡萄园被大量采用。在采取避雨栽培时，受力较大的、支撑棚膜等的钢丝，直径可增加到 2.0～2.2mm。

（三）埋地锚

地锚在每行葡萄两端起固定与牵引作用，多以水泥、沙、石、钢丝制成，规格可根据定植行长度、受力的大小灵活掌握。一般长、宽各 0.5m 左右，厚度为 10～15cm。地锚起着固定立杆的作用，一定要掩埋坚固。其掩埋深度根据受力大小决定。在避雨栽培条件下的地锚掩埋深度一般为 0.6～0.8m。地锚掩埋后，要踏实灌水。随跨度的增加，地锚承受的拉力也随之增加。每定植行两端的地锚，尽可能埋入小区之间的道路上。

六、　防护措施

葡萄园四周要采取防护措施。常见的防护措施有建立铁篱笆防护网、种植枳（也称为枸橘，嫁接柑橘用的抗寒砧木）等，铁篱笆防护网一般每隔 3m 左

右一个，防护网的立柱用水泥和石子等浇灌埋入土中。枳具有较长的刺，使人难以靠近，相对于花椒等树种，下部枝条不会死亡而产生空隙。

为保险起见，沿着铁篱笆防护网再栽植1行枳，二者相互配合，可起到非常理想的防护效果。但需要注意的是，枳生长较为旺盛，应防止对葡萄生长发育产生影响。应将枳的高度及根系生长限定在一定范围内。枳生长过高时会挡风，葡萄园通风较差时，田间温度较高，影响葡萄生长及果实品质。田间可设置摄像头，对不同角落进行监控，即使在室内，也可随时掌握田间状况。

七、 定植当年管理

葡萄定植当年要采取一系列管理措施保证其成活率，使其符合预定好的架式，方便将其培养成既定树形，达到优质、丰产的目的。

（一）地膜覆盖

葡萄苗定植当天应及时浇水，以促进成活。在浇水后的2～3d内即可覆盖地膜，常采用80～100cm宽的黑色地膜进行覆盖。地膜具有保墒、促进微生物活动、加速苗木生长的作用。地膜可以阻挡土壤中的水分蒸发，即使在外界较为干旱的情况下，地膜覆盖下的土壤仍有一个较为理想的含水量，这对葡萄的生长发育十分有利，尤其是在春季较为干旱的地区，这种作用更为显著。

地膜覆盖质量的好坏直接影响幼苗当年的生长。覆盖前，地面要整理相对平整，无大块坷垃。覆盖时，将小苗破膜露出，破口处要尽可能小，地膜要紧贴地面，在小苗破口处，用碎土将小苗周围薄膜压住，地膜的边缘也要用碎土压实，以保持土壤水分。如果地膜没有紧贴地面，小苗被覆盖在地膜下面时，萌发的新梢会被晴天地膜下所产生的高温伤害甚至死亡，当地膜紧贴芽眼时，产生的温度会更高、伤害作用更大。定植后应及时检查，确保定植苗的芽眼部位处于地膜以上。在地膜覆盖情况下，土壤拥有较为理想的含水量，对促进根系生长有利。覆盖不透光的地膜可有效抑制膜下杂草的生长。不同覆盖物对土壤温度的影响不同，覆盖物的透光率是主要影响因素。当覆盖透光率较高的白色薄膜时，白天土壤增温显著，在春季短暂使用对葡萄生长有利。随着气温的升高、光照度的增加，白色地膜下会产生过高的温度，会给葡萄根系生长发育带来不良影响；而覆盖黑色地膜会降低土壤温度，在炎热的夏季使用效果更为理想。

（二）选定主干

当生长最旺盛的新梢长至10cm以上时，开始选定主干。为保险起见，起初先保留 2 个生长旺盛的新梢。当能辨别出哪个将来会生长得更好时，即将其作为主干培养，而另一个新梢要在半大叶片处摘心，作为辅养枝以促进根系生长。对辅养枝上发出的副梢应及时全部抹除，限制其进一步生长。嫁接苗要及时去除砧木上的萌蘖，以促进上部快速生长。嫁接口处的薄膜也要及时去除，防止对嫁接口产生伤害。定干工作完成后，幼苗生长逐渐加快。葡萄主干上 7～8 节后开始出现卷须，卷须的产生会消耗大量营养，要及时去除。葡萄主干几乎每节都会产生副梢，一般在 3～5cm 长时去除。生产中，还会遇到生长较长的副梢，对于这样的副梢，不能一次性去除，否则有可能会使当季冬芽萌发，副梢越长时，冬芽萌发的可能性越大。对于已经长出大叶片的副梢，要在半大叶片处摘心，保留大叶片。半大叶片尚有继续生长的空间，会缓冲摘心后营养集中供应的压力，可避免冬芽萌发。

葡萄苗绑缚通常有两种方法，一种是在最下面一道铁丝上，用尼龙绳等将小苗吊起使其向上生长，其缺点是遇到大风天气，小苗会剧烈摇晃影响根系正常生长。另一种是在每株小苗附近插 1 根竹竿，将新梢绑缚在竹竿上，使其沿竹竿向上生长，呈 "8" 字形绑缚，以避免伤害新梢。竹竿长度根据干高及整形方式而定。当幼苗长至 30cm 以上时，应进行绑缚，促使新梢直立，以加速生长。

（三）肥水促长

当年定植的葡萄苗发芽后，起初根系生长缓慢，在卷须出现后（一般 7～8 片叶），根系生长开始加速。从小苗上的卷须开始出现至达到定干高度的这段时间，主要任务是追施尿素等氮肥，以促进苗木快速生长。在幼苗生长发育不好时，可能要多次追肥。追肥一般要开沟进行，前期距离根系 30cm，深度根据定植深度而定，一般 10～15cm。随着苗木不断生长、根系不断伸长，追肥沟至根系的距离要逐步加大。第 1 次追肥在新梢长至 7～8 片叶时即可开始进行。可于定植行一侧开挖长 40～50cm 的条沟。当株距为 1m 或小于 1m 时，可在定植行的一侧，顺定植行方向开一条与定植行同长的长条沟。第 1 次追肥主要是尿素，可根据土壤肥力灵活掌握。施肥后及时浇水。尿素被施入沟内浇水后，在短期内尚不能完全彻底分散，而仍以较高浓度局限在施肥点附近。根据这一情况，在每次施肥浇水多天后，当土壤含水量由高变低至土壤较为干燥时，如果能再补充浇水一次，肥料的利用效果将会更好。

当葡萄形成主蔓后，开始追施复合肥，主要目的是促进主蔓的生长和花芽分化。在苗木生长发育不良的地块，要多次追施复合肥，应根据不同的栽培目标灵活掌握。在苗木生长较差的地块，施肥次数应适当增加。复合肥的追施时间一般可持续到 7 月中旬前后，南方地区可适当推迟。追肥时间偏晚时，枝条老化会受到一定影响，影响安全越冬。葡萄生长的后期，也就是生长速度开始放缓时，应追施钾肥，以硫酸钾为主，以促进枝条老化和安全越冬。在葡萄生长的后期，尿素等氮肥最好不要施用，过多施用氮肥会诱发徒长，影响枝条老化和安全越冬。

在葡萄根系中，能够有效吸收养分的是小的根毛，而非较粗的根。因此，要确保肥料施入根毛分布密集的地方。施肥沟与小苗的距离、施肥的深度是影响肥效的两个重要因素，应参考葡萄定植的深度以及土壤的具体情况灵活掌握。将氮肥施用到根系生长尖端分布的区域且略深时较为理想。在开沟定植的地块，追肥次数应根据小苗生长的具体情况灵活掌握。目前，施肥上常见的问题很多，如施肥过于集中、离根太近、施肥量过大、施肥过深、施肥后不及时浇水等，均不利于葡萄快速生长，甚至会造成植株死亡，应该加以改进。

在我国南方和北方，因生长期长短及降水量等的不同，葡萄全年的生长量存在很大的差异，南方生长量偏大，而北方生长量偏小。因此，在南方采用四主蔓整形方式，当年可以很好地形成 4 条健壮的主蔓，而在北方有时却很难达到。同样道理，北方常用单干双臂整形方式，在南方如不对生长加以控制，2 条主蔓直径很可能会超过 1.2cm，而严重影响第 2 年的发芽和结果。准确判断幼苗的长势，对于培养出粗度适中的主蔓，使其在第 2 年获得理想的产量具有重要意义。因树施肥、分类培育是定植当年的一项重要工作。生长势弱的树要增加施肥次数，通过精细管理加速生长。对生长过旺的树，要适当加以控制。

定植当年的主要任务是达到整形所确定的目标，即培养出要求的主蔓数，并使每条主蔓尽可能达到要求的粗度。实践证明，主蔓当年生长粗度达到 0.8~1.2cm 时，第 2 年春季发出的新梢结果能力较强，花序发育良好。枝条过细或过粗时，发出的新梢上的花序少而小。如果当年生长不良，主干不能达到要求的高度时，在冬季修剪时，需要从中下部对其进行平茬，第 2 年重新生长，这样就会耽误 1 年时间。为避免这样的现象发生，使苗木当年健壮生长、早日成形、早日丰产，就要加强对定植苗当年的肥水管理。氮肥与钾肥易溶于水，可随水滴灌供应，而磷肥不易溶于水，可在苗木定植前施入田间。近年来，肥水一体化滴灌技术在各地被广泛采用，可大大提高定植苗生长速度，且可以节约成本，值得推广应用。

（四）立架引绑

葡萄藤比较柔软，需要靠架面支撑占据空间，维持营养面积。因此，葡萄苗木定植后，根据长势，要及时立架，维持后续生长所需要的空间。营养面积的大小及对营养面积的利用决定着葡萄的产量及品质。在芽眼萌动后，要根据培养树形与架式及时引绑上架。引绑过早容易造成顶端优势明显，影响下部芽眼萌发，过晚则可能碰掉嫩芽，影响生长。

（五）反复摘心

主蔓第 1 次摘心后，保留的新梢继续生长。第 2 次摘心可保留 3～5 片叶进行，根据新梢生长势决定。一般生长势强的新梢每次摘心保留叶片数量偏少，但摘心次数适当增加，以限制其旺盛生长。主蔓第 2 次摘心后已长出 10 多片叶，要限制其继续快速生长，促进花芽分化、枝条老化。当主蔓叶片数达到 15 片左右时，主蔓直径当年基本可达到 0.8～1.2cm。在主蔓每个节位副梢保留一定数量叶片的情况下，达到上述粗度所需要的主要节位数就会适当减少。当进入缓慢生长期，再次发出的副梢基本全部抹除。主蔓上的副梢对主蔓生长有促进作用。一般来说，主蔓上副梢越长，主蔓的增粗效果越明显，副梢着生节位的冬芽发育越不饱满。主蔓副梢的保留，也增加了工作量。在管理不够精细时，副梢上可能还会产生副梢，严重影响主蔓冬芽的分化。但是，如果将副梢全部去除，在操作不当时，有可能在主蔓上出现冬芽萌发的现象。冬芽一旦萌发，第 2 年产量会受到严重影响。

主蔓的摘心时间及方式应根据不同株距、不同栽培目的掌握。主蔓摘心时一定要慎重，摘心部位以下 3～4 节的副梢当天一般不做处理，再往下的副梢留 1 片叶后摘心。尤其是主蔓在水平生长的情况下，对其进行摘心处理时，由于摘心部位以下的第 1 副梢位置水平，极性生长放缓，下面副梢的抹除更应慎重。保险起见，当主蔓副梢水平方向生长时，主蔓一般不进行摘心，只有当其生长到一定长度时，再做处理，以控制其无限生长。在对主蔓摘心时，主蔓下部的副梢明显长于上部。在主蔓生长过长、没有来得及摘心时，往往会发现主蔓下部的副梢生长过长。对于主蔓上大叶片超过 1 片的副梢，可适当多保留叶片，在半大叶片处摘心处理，以防止冬芽萌发。当副梢上保留的叶片较多时，副梢上的二次副梢应及时全部抹除。在主蔓留 7～8 片叶摘心的情况下，主蔓摘心的当天，主蔓上半部的副梢当天不能摘心，而对于下半部的 3～4 个副梢当天可进行摘心处理。在主蔓的上半部，除保留摘心部位以下第 1 个副梢继续生长外，其他副梢一般在主蔓摘心 4～5d 以后进行摘心处理。需要强调的是，主蔓摘心的当天，副梢不能一次性全部抹除，否则主蔓上的冬芽有萌发的可能。在葡萄定植当年，对主干摘心形成需要的主蔓数量。主蔓产生后，常采取向上直立生长和水平生长两种方式。主蔓向上直立生长时，上部极性较强，利于主蔓伸长；主蔓水平生长时，生长势更为缓和，但是主蔓上发出的副梢相对于直立生长，其生长势会更强，应注意及时加以抑制，水平生长的主蔓上前梢所留叶片数量应根据植株生长势和整形目标而定。在主蔓水平生长时，如果生长势较强，为防止将来主蔓过粗而影响翌年结果，常采用保留副梢结果的方法，这种方法多被用于结果性较好的品种，而在红提等品种上采用这样的方法时，效果不是很理想。一般而言，主蔓的冬芽翌年发出的新梢的结果性要优于主蔓上的副梢。采取主蔓上副梢结果时，副梢的摘心方式可参考主蔓的摘心方式进行。

摘心的重要作用是调控好继续生长与控制生长的矛盾，如果生长得不到有效控制，营养生长不能向生殖生长转化，花芽分化就不会很好，将直接影响到翌年的产量。如果对植株生长过于抑制，有可能促使冬芽萌发，也应引起高度重视。因此，我们在生产管理上，要根据实际情况采取合理措施。

（六）合理修剪

冬季修剪时，枝条直径达到 0.8~1.2cm 时，其上发出的新梢花芽分化较好、结果率高、果穗较大。因此，在苗木定植当年进行肥水管理时，要适时对长势加以判断，对生长势偏弱的树，要及时追肥促进生长，对生长势较强的树，应适当控制肥水，有时也可临时增加主蔓数量以分散营养供应。对于临时增加的主蔓，冬季修剪时可疏除。

第三章

优良鲜食葡萄品种

一、鲜食有核优良品种

(一) 巨峰

品种来源：中熟欧美杂交种，日本大井上康于 1937 年以石原早生为母本、森田尼为父本杂交培育。

果实特征：果穗大、圆锥形，穗重 400~600g，松散或中等紧密。果粒大，单粒重 12g 左右，最大可达 20g。成熟时果皮紫黑色，果皮厚，果粉多，果肉较软、味甜、呈黄绿色、有草莓香味，皮、肉和种子易分离，可溶性固形物含量 14%~16%，含酸量 0.6%~0.7%。

栽培学特性：该品种适应性很强，抗病性强，抗寒性好，喜肥水。萌芽率 96.5%，结果枝占总芽眼数的 60% 以上，每果枝 1.3~1.8 个穗。中庸的结果枝双穗果较多，副芽、副梢结实力均强，并且成熟良好，幼旺枝落花落果严重。从萌芽至果实充分成熟需 130~140d，树势强。在烟台地区 8 月下旬至 9 月上中旬果实成熟。

栽培要点：巨峰树势越强，分配到花穗、果穗的养分越少，落花落粒越严重。用植物生长调节剂处理花穗、果穗可提高坐果率，减少落果，但也容易出现严重大小粒现象。巨峰喜肥水，宜在肥沃土壤中种植，不宜一次施大肥大水，一次施肥太多造成旺长，打破中庸树势，坐果率低。多施有机肥，增施磷、钾肥，控制氮肥用量，尤其花前不宜大量施用氮肥，在花期叶面喷磷钾肥（2% 磷酸二氢钾溶液）或硼肥（0.2% 硼砂溶液）提高坐果率。巨峰不太耐旱，缺水时往往表现红叶，应适时适量灌水。夏季修剪时主梢及时摘心，抹除副梢以控制营养生长，在花前 10d 掐去穗尖 1/5~1/3，或适当疏穗，可提高坐果率。

(二) 巨玫瑰

品种来源：大连市农业科学研究院选育成的中熟葡萄品种，2002 年 8 月通过了专家鉴定。欧美杂交种，四倍体。其母本为沈阳玫瑰，父本为巨峰。

果实特征：果穗圆锥形、中等大，穗长 20cm 左右，穗宽 14cm 左右，穗重 500～750g。果粒中等大，着生整齐，粒重 9～10g。果皮紫红色，有轻微涩味。果粉中等。肉质软硬适中、多汁，果皮与果肉易分离，果肉与种子易分离，具有浓郁的玫瑰香味。果实含糖量高，充分成熟后可溶性固形物含量达 20％以上。

栽培学特性：该品种生长势旺盛，萌芽率高，花芽分化好，丰产。果粒大，自然坐果好，无需生长调节剂处理，花果易管理。在大连地区，伤流期 3 月中下旬，萌芽期 4 月上旬，花期 5 月下旬，果实成熟期 9 月下旬。

栽培要点：建议设施避雨栽培，采用 V 形架或水平棚架，以短梢修剪为主，幼树期应控制树势，保持树势中庸偏强，不宜过旺。建议每亩产量控制在 1 500kg 以内，提质增色。果实膨大期，重视钙肥的施用，可提高果实硬度及预防裂果，重点防治霜霉病、炭疽病。该品种在适宜栽植巨峰葡萄的地区都可以推广发展。进入盛果期后，要控制负载量，弱果枝不留果穗，中庸果枝留 1 个果穗，个别粗壮果枝留 2 个果穗。掐去穗尖的 1/5，使果穗紧凑。适当进行疏粒，每果穗留 50～70 粒，每穗保持在 600～700g。果实着色前（6 月中旬）要适量增施磷、钾肥，增加果粒含糖量，提高品质。巨玫瑰较抗葡萄黑痘病、白腐病、炭疽病，重点做好葡萄霜霉病的防治工作，立秋前后在降水多的情况下，要注意防治葡萄霜霉病。

（三）玫瑰香

品种来源：1866 年由英国育种家斯诺选育，1892 年引种到中国，欧亚种，二倍体，其母本为白玫瑰香，父本为黑汉。

果实特征：果穗圆锥形、中等大，穗重 530g 左右。果粒椭圆形、紫红色、中等大（有大小粒现象），平均粒重 4g 左右。果粒着生中等紧密。果皮中等厚、不涩，果皮与果肉易分离。果粉中多。每果粒含种子 1～3 粒。可溶性固形物含量 18％以上，麝香味浓，着色好看。

栽培学特性：玫瑰香属中晚熟品种，二次结果率高，丰产，生长势中庸，抗病性中等。该品种需要有较高的管理技术和充足的肥水条件，才能保证产量高、品质好，否则，容易造成果实大小粒、果穗松散、着色较差、失去商品性。建议使用生长调节剂进行保花保果和无核化处理。在肥水充足的条件下，栽培管理措施得当，其产量高、品质好。反之，易产生落花落果和大小粒现象，穗松散，易患水罐子病，应采取花前摘心、掐穗尖等技术措施保证品质。适宜棚架、篱架栽培，中、短梢修剪。

栽培要点：选用排水良好、土地肥沃的地块栽植；选用生长势强、耐湿的砧木嫁接育苗。增施有机肥，适量补充硼等微量元素。严格控制产量，否则含糖量下降，风味变淡。注意土壤保湿，防止或减轻裂果。及时防病除虫。

（四）红地球

品种来源：红地球又名大红球、红提、晚红等，欧亚种，原产美国，是目前世界上鲜食葡萄中品质极佳的品种之一。

果实特征：果穗长圆锥形，穗重750克，最大穗重2 200克，果穗较紧，穗形整齐。果粒圆形或卵圆形，果粒极大，平均粒重9克，最大粒重13.7g，果实深红色或暗紫红色，果皮中厚，肉紧而脆，果肉与种子易分离，果皮能剥离，汁液丰富，味甜可口，无香味，可溶性固形物含量16%～18%。果柄较长，果刷粗而长，果粒着生牢固，不易掉粒。

栽培学特性：树势中庸，但幼树生长旺盛，易贪青生长。枝条成熟较迟，枝条成熟后，节间短，芽眼突出、饱满，结果枝率为70%左右，结果系数为1.3，有二次结果习性。

栽培要点：该品种适应性强，易丰产，属晚熟品种，9月中下旬成熟，耐贮运。红地球幼树生长旺盛，枝条易徒长。应选择有利于花芽分化的架式，可选择 V 形水平架、水平棚架、倾斜式小棚架，不宜选用直立叶幕篱架。采用小棚架，幼树以中梢修剪为主，部分枝蔓可放至 10 芽，结合 3 芽短梢修剪。成龄树需进行短梢修剪，减轻抹芽定梢的工作量。夏季修剪要合理留梢，枝间距20cm，一般一次副梢留 3 片叶摘心，二次副梢留 2 片叶摘心，以后发生的副梢不留。控产是提高果实品质的一项重要措施，成龄园每亩产量控制在2 000kg 为宜。开花前 7d 对结果新梢摘心并抹除副梢，每个结果新梢只留 1 个穗。及早疏花序、疏枝剪穗、掐尖、顺穗，使左右分开层次、疏密相间，去掉花序基部大分枝，每隔 2～3 个分枝剪除 1 个分枝，每穗留果粒 80～100 粒，穗重 1kg。

（五）阳光玫瑰

品种来源：1986 年由日本果树试验场安芸津葡萄、柿研究部选育，二倍体中晚熟欧美杂交种，其母本为安芸津 21 号，父本为白南。

果实特征：果穗圆锥形，穗重 600g 左右，大穗可达 1 800g 左右。果粒着生紧密，单粒重 8～12g，椭圆形，黄绿色，果面有光泽，果粉少。果皮不易与果肉分离，中等厚，无涩味，可食用。果肉脆而多汁，有玫瑰香味，可溶性固形物含量 20% 左右，可滴定酸含量低，最高可达 26%，鲜食品质极优。果肉较硬，果粒与果柄不易分离，极耐贮运。成熟后可以在树上挂果长达 2 个月。不裂果，无脱粒现象，但果实表面易产生锈斑。

栽培学特性：阳光玫瑰继承了白南的特性，对病毒敏感，表现为节间长、叶片小并且皱缩畸形，叶片黄化并散生受叶脉限制的褪绿斑驳，在有机质含量较高和肥水条件较好的情况下症状减轻。对真菌病害抗性较强，需要注意防治霜霉病。自然坐果良好，但自然坐果的果实果粉厚，穗形差，外观品质一般，使用生长调节剂进行无核化处理可以显著提高其商品性。定植第 2 年即可丰产。单株负载力强，每亩产量控制在 2 000kg 以内。

栽培要点：高标准建园，园地最好选择有机质含量较高、有水源、容易排水的地块，土壤适宜 pH 6～8。选择健康的嫁接苗，一般选择 5BB、SO4、3309C、3309M 等。阳光玫瑰树势旺，适合稀植栽培，架式可选择顺行棚架，株行距 2m×4m，T 形架株行距 3m×（4～8）m，H 形架株行距 3m×（6～8）m。栽植前，按行距挖宽、深各 1m 的定植沟，每亩施入腐熟农家肥或生物有机肥 4t，与表土混匀回填，灌水沉实，然后起垄，垄高 20～30cm，垄面宽 60～80cm。葡萄苗浸入多菌灵 800 倍液中浸泡，在垄上栽植。阳光玫瑰结实力强，坐果率高，开花前应疏除部分多余花序。结合摘心，于开花前 7d 开始疏花，保留花序尖端 4～5cm，其余全部去掉。为提高阳光玫瑰的商品价值，需要进行无核化及膨大处理。果实膨大后要严格疏果，留单层果，一般每穗留果粒 60 粒。该品种对霜霉病、白腐病、炭疽病抗性强。需重点防治绿盲蝽、斑衣蜡蝉和灰霉病。该品种不抗日灼，建议在果穗上端留 1～2 叶遮挡，以避免阳光直射。

（六）蜜光

品种来源：早熟欧美杂交种，河北省农林科学院昌黎果树研究所以巨峰为母本、早黑宝为父本杂交选育。

果实特征：蜜光穗大粒大，平均穗重 720.6g，平均粒重 9.5g。果实易着紫红色，充分成熟呈紫黑色。可溶性固形物含量 19% 以上，可滴定酸含量为 0.49%。果肉中等硬度，具浓郁玫瑰香味，果刷耐拉力中等，耐贮运。

栽培学特性：树势中庸，冬季留 1～2 个芽短梢修剪后，平均萌芽率 92.21%，每果枝平均有花序 1.66 个，平均结果枝率 83%，花序多着生于结果枝的第 2 至第 3 节。在烟台地区，4 月上旬萌芽，5 月下旬开花，7 月下旬着色，8 月下旬果实成熟，11 月上旬落叶。蜜光为极早熟品种，比夏黑早熟 10d 左右，8 月上旬果实成熟。结果早，丰产稳产，平均每个结果枝有 1.35 个穗，可短梢修剪。管理技术简单，耐弱光，花芽易分化，容易结二次果，可以一年两熟，大棚和露天都可栽培。对激素适应性好，易进行无核化栽培。

栽培要点：蜜光穗形大小合适，松散适宜，因此基本不需要进行花序整形。每个新梢留 1 个果穗，每个植株必须保留 1～2 个辅养枝。催芽水、膨果水以及封冻水必须要浇，着色期要控水。9 月果实采收后，每亩施商品有机肥

1.2~1.5t、过磷酸钙 50kg 和复合肥 50kg。坐果后 20d 左右，每亩追施复合肥 30kg。进入着色期后，每亩施硫酸钾 30kg。由于该品种叶片容易老化，因此建议多施叶面肥延缓叶片衰老，尤其是采收后，应及时补充含氮的叶面肥。成熟期遇 30℃以上的高温果肉容易发软，注意通风降温。小棚架栽培采用独龙干整形方式，株距 0.8~1m，行距 4m，每亩栽植 167~208 株。篱架栽培可采用单干单臂直立叶幕或 V 形叶幕，株距 0.6~0.8m，行距 2.2~2.5m，每亩栽植 333~378 株。注意疏芽、抹梢和副梢摘心，以利通风透光。需要对果穗进行整形和疏粒，果粒为黄豆大时或在花后 25d 进行果穗套袋。

（七）春光

品种来源：河北省农林科学院昌黎果树研究所育成，2013 年通过河北省品种审定。

果实特征：果穗大，圆锥形，较紧，平均穗重 650.6g。果粒大，椭圆形，平均果粒重 9.5g，最大果粒重 17.0g，果粒大小均匀一致，粒形美观。果实紫黑色至蓝黑色，整穗着色均匀一致，在白色果袋内可完全充分着色。果粉较厚，果皮较厚，果肉较脆，具悦人的草莓香味，风味甜，品质佳，可溶性固形物含量达 17.5％以上，最高达 20.5％，可滴定酸含量为 0.51％，固酸比高达 34.3。果粒附着力较强，采前不落果，耐贮藏运输。

栽培学特性：丰产性强，结果早，产量高，具有早结果、早丰产的突出优良特性。该品种萌芽率高，达 80.2％，平均结果枝率为 51.5％，结实力强，结果系数高，每结果枝平均 1.32 个穗。副梢结实力强，容易结二次果，副梢的结果枝率高。果实成熟早，可提早供应市场，在葡萄淡季上市，经济效益高。

栽培要点：春光采用篱架 V 形或小棚架龙干形栽培。篱架 V 形栽培，株行距一般（0.7~1.0）m×（2.2~2.4）m，每亩定植 278~432 株。小棚架栽培，株行距（1.0~1.2）m×（3.0~5.0）m，每亩定植 111~185 株。夏季做好抹芽、定梢、摘心、去卷须、副梢处理、绑蔓等工作，以利通风透光，冬剪以中短梢修剪为主。春光结实力强，注意疏花疏果。强壮枝和中庸枝保留 1 个花序，细弱枝不留花序。开花前进行花序整形，去除基部 2~3 个副穗。花蕾初开时，花穗上保留 4 片叶摘心。坐果后疏间密集果粒，去除小粒，每穗保留果粒 70~80 粒。

（八）金手指

品种来源：早熟欧美杂交种，日本原田富一氏 1982 年杂交育成，1993 年在日本农林水产省登记注册，因果实的色泽和形状命名为金手指，1997 年引入我国。

果实特征：果穗长圆锥形，平均穗重 445g，最大 980g。果粒着生松紧适度，果粒长椭圆形，略弯曲，呈菱角状，黄白色，平均粒重 7.5g。疏花疏果后平均粒重 10g。用膨大素处理 1 次平均粒重 13g，最大粒重 20g。无小青粒，果粉厚，极美观，果皮薄，可剥离，可以带皮吃。可溶性固形物含量 18%～23%，最高达 28%，有浓郁的冰糖味和牛奶味。果柄与果粒结合牢固，但不耐贮运。

栽培学特性：7 月下旬成熟。树势旺，节间长，容易徒长导致花芽分化差，产量偏低。对生态逆境适应性较强，对土壤、环境要求不严格，但抗病性较差，易感染白腐病。

栽培要点：适宜篱架、棚架栽培，特别适宜 Y 形架和小棚架栽培，长中短梢混合修剪。注意合理调整负载量，防止结果过多影响品质和延迟成熟。由于含糖量高，应重视鸟、蜂的危害。金手指葡萄幼树期易徒长，花序较小，因此要早摘心，重摘心。正常的管理条件下，健壮的结果枝可留 1～2 个果穗，中庸枝只留 1 个果穗，弱枝不留果。该品种生长势较强，适用于任何一种栽培模式，棚架栽培结果部位高，叶果分离，通风透光好，有利于该品种优质高效生产。

(九) 藤稔

品种来源：欧美杂交种，从日本引进的大粒优质葡萄新品种 Fujiminori 优选单株中选育而成。

果实特征：果穗圆锥形，平均穗重约 500g，最大可达 1 500g。果粒着生较紧密，果粒近圆形，特大，平均 30g 左右，最大可达 65g。果皮紫红色至紫黑色，可溶性固形物含量 15%～17%，含酸量 0.5% 左右，有草莓香味。

栽培学特性：生长势较强，新梢绿色，密生茸毛，有紫红色条纹，成熟枝条褐色。幼叶浅红色，有茸毛。成龄叶片心脏形，叶厚色浓，3～5 深裂，叶面有浅网状皱纹，叶缘锯齿较深且尖锐。叶柄洼开张，拱形。萌芽率高，容易形成花芽。结果枝可达新梢总数的 60%，每结果枝平均有 1.6 个花序。两性花。

栽培要点：选择土层深厚、肥沃、疏松、排水良好的沙壤土建园，篱架栽培，株行距 1.0m×2.0m。以中梢修剪为主，中短梢修剪相结合。注意疏果，并保证肥水供应，满足本品种果粒特大的需要，果实发育后期应控制土壤含水量及氮肥，多施有机肥和磷、钾肥，以免风味平淡。其他栽培技术与巨峰相同。根据藤稔葡萄生理特点，正确使用植物生长调节剂可促进果粒增大，增大效果可达 40% 左右。若花蕾出现部分掉落时可用坐果灵 100mL 兑水 2.5kg 浸花序 2～3s，进行保花保果；当花开 2/3 时再用坐果灵 10mL 兑水 1.25kg 浸花序 1 次；谢花后 1 周用单性增大剂 10mL 兑水 1.25kg 浸花序，处理后 8～10d 再用增大灵 10mL 兑水 1.25kg 浸花序 1 次即可。处理后的藤稔葡萄果粒大而紧凑，商品价格明显提高。

（十）魏可

品种来源：魏可原产日本，别名温克，欧亚种。日本山梨县志村富男 1987 年用 Kubel Muscat 与甲斐路杂交育成的品种。

果实特征：果穗圆锥形、大，平均穗重 450g，最大穗重 1 350g。果粒卵形，紫红色至紫黑色，成熟一致，果粒大，平均粒重 10.5g，最大粒重 13.4g。果皮厚度中等，果肉脆，果汁绿黄色，极甜。每果粒含种子 1～3 粒，多为 2 粒，可溶性固形物含量达 20%，鲜食品质上等。

栽培学特性：植株生长势强。隐芽萌发力强，萌发率达 90%，成枝率 95%，枝条成熟度好。结果枝占芽眼总数的 80%，每果枝平均着生果穗 1.5 个。隐芽萌发的新梢结实力强，易丰产。采用篱架栽培，每亩栽培 220 株，产量为每亩 2 000～2 500kg。在山东烟台，4 月 20 日左右萌芽，5 月 25 日左右开花，10 月 20 日左右浆果成熟。从萌芽至浆果成熟需 180d，为晚熟品种。该品种丰产、抗病、易上色、外观漂亮、甜脆适度，极耐贮藏与运输，但易感染白腐病，产量过高着色不均匀。抗冻能力差，北方地区需下架埋土防寒。

栽培要点：该品种适合小棚架及篱架栽培，适合中梢修剪。魏可生长势强，花芽分化好，抗病性较强，栽培容易，但叶片偏大，下部叶片易遮光，年降水量在 800mm 以上的地区宜采用大树避雨栽培。

（十一）意大利

品种来源：晚熟欧亚种，原产意大利，亲本为比坎和玫瑰香。

果实特征：果穗圆锥形，无副穗或有小副穗，果穗大，平均重 830g，果穗长 28cm、宽 20cm。果粒着生中等紧密，果粒大，椭圆形，黄绿色，平均粒重 6.8g，纵径 2.5cm、横径 2cm。果粉中等厚，果皮中厚，果肉脆，味甜，有玫瑰香味，含糖量 17%，含酸量 0.7%，鲜食品质上等，果实极耐贮运，在室温条件下可贮存至翌年 4 月而品质不变，果肉与种子易分离。

栽培学特性：植株生长势中等或较强，芽眼萌发率高，结果枝占总芽眼数的 15%，每个果枝平均着生 1.3 个花序，果穗着生在第 4、第 5 节。北京地区 4 月中旬萌芽，5 月下旬开花，9 月下旬果实成熟，从萌芽至成熟需 160d 左右。该品种抗白腐病、黑痘病，但易感染霜霉病和白粉病。

栽培要点：该品种喜充足的肥水，适合在温暖干旱地区栽培，棚架、篱架栽培均可，不同架式对留芽量的要求不相同，棚架长短梢混合修剪，篱架中短梢混合修剪。生产上要注意在坐果后及时进行果穗整形，防止果穗过大。要及时防治霜霉病和白粉病。

（十二）摩尔多瓦

品种来源：晚熟欧美杂交种，摩尔多瓦共和国育成，杂交亲本为古扎丽卡拉（GuzaliKala）和 SV12375。河北省农林科学院昌黎果树研究所 1997 年从罗马尼亚引入。

果实特征：果穗圆锥形，平均穗重 650g。果粒着生中等紧密，果粒短椭圆形，平均粒重 9g，最大粒重 13.5g。果皮蓝黑色，着色早且非常整齐一致，果粉厚。果肉柔软多汁，无明显香味，可溶性固形物含量 16%～18.9%，最高可达 20%，含酸量 0.54%，果肉与种子易分离，极耐贮运，适合鲜食与酿酒。

栽培学特性：生长势强或极强，新梢年生长量可达 3～4m，成熟度好。该品种果粒非常容易着色，散射光条件下着色很好，而且整齐，在架面下部及中部光照差的部位也均可全部着色。结实力极强，每个结果枝平均有果穗 1.6 个。该品种抗寒性强，高抗葡萄霜霉病和灰霉病，抗白粉病和黑痘病能力中等。果皮较薄、果穗过紧，后期容易破裂感染酸腐病。

栽培要点：摩尔多瓦特别适合在观光长廊中栽培。长廊架式可选择多 T 形组合或多"厂"字形组合，长廊架面可布置多个结果带，每个结果带在同一位置，形成整齐、漂亮的观光长廊。种植株距 1～2m，立柱上第 1 道拉丝距地面 1m，以上及棚面隔 40～50cm 拉一道铁丝。"厂"字形结果母枝每隔一道铁丝（约 1m），平行一条同一方向的结果母枝（T 形分别往两边），形成上、中、下 3 条结果母枝带，发出的新枝等距离垂直向上生长，成为 3 条不同高度的结果带，形成每个结果部位都各在一条线上的观光长廊。作为加工原料栽培可采用棚架或篱架，株距至少要 1m 以上。摩尔多瓦抗病性强，但对肥水要求较高，生长前期要施足肥料，着色期后少施或尽量不施肥。摩尔多瓦果皮较薄，整个生育期要保持水肥供应均衡，避免成熟后果实发生裂果感染酸腐病。最好安装水肥一体化滴灌设备，保障供水均衡。

（十三）甬优 1 号

品种来源：该品种从藤稔葡萄芽变而来，属欧美种。1994 年在浙江省鄞县下应镇齐心村的藤稔葡萄园内发现其中一株葡萄树上色快，色泽更深，成熟期比藤稔早，风味更好。该品种于 1999 年 10 月通过省级专家鉴定，并命名为甬优 1 号。

果实特征：果穗圆柱形、副穗少，平均穗重650g左右。果粒近球形，成熟时呈紫黑色，着色率高达92%，且上色快、均匀，单粒重14～15g，较藤稔略小。果肉相对较硬，果皮稍厚（不易裂果）。果粒排列紧密，整齐度好。果肉味甜、汁多，品质上等。成熟时可溶性固形物含量17.0%，可滴定酸含量0.3%，水溶性总糖含量14.0%，还原糖含量12.3%，维生素C含量27.1μg/g，果粒硬度2.1kg/cm²。该品种成熟时，树上挂果期也明显超过藤稔。

栽培学特性：生长势比藤稔强。该品种萌芽率达80%左右，且枝梢生长粗壮，很少发生细弱枝，成枝率高。一般结果母枝（蔓）在基部第1节以上均能形成花芽，结果枝率达82.5%，比藤稔高出约10个百分点，果穗多着生在结果枝（蔓）的第3至第4节，平均结果系数达2.0，比藤稔（1.9）略高。坐果率为9.7%，比藤稔高0.9个百分点。该品种扦插成活率高，一般能达到95%以上，故生产上多用扦插繁殖，也可以嫁接繁殖。

栽培要点：选择健壮无病嫁接苗或扦插苗建园，株行距1.5m×3m，每亩栽植150株左右，栽前施足基肥。以双十字Y形架为生产优选架式。冬季修剪宜以中梢修剪为主，夏季及时摘心，去副梢，控制枝梢旺长。该品种生长势较旺，生长期施肥要注意控制氮肥用量，重视施用钾肥，一般氮、磷、钾肥施用比例为8∶25∶35。生长期在抓好适期适量追肥的基础上，应强调幼果期至果实着色期的根外追肥，可结合防病治虫，每隔10～15d喷布一次磷酸二氢钾或尿素等，既防病治虫，又提高品质。该品种大棚栽培可一年两熟，只要结果母枝（蔓）直径达到0.8～1.1cm，无论主梢、副梢，均可培养成为良好的二次结果母枝，但一次果每亩产量要控制在2000kg左右，这样二次果每亩产量可达800kg以上。同时抓好二次果结果母枝的适期摘心工作，以确保翌年丰产优质。

（十四）户太8号

品种来源：欧美杂种。陕西省西安市葡萄研究所从奥林匹亚的芽变中选育，1996年通过品种审定。

果实特征：果穗圆锥形，带副穗，平均穗重500～800g。果粒着生中等紧密，果粒短椭圆形，粒重9～10g，果粉厚，果皮紫红色至紫黑色，果皮厚，与果肉易分离。果肉软、多汁，可溶性固形物含量17%～19%，有淡草莓香味。每果粒含种子1～4粒，多数为2粒。

栽培学特性：植株生长势强，新梢绿色微带紫红色，有茸毛。幼叶浅绿色，叶缘带紫红色，叶背有白色茸毛。成龄叶大，近圆形，叶背有中等密的茸毛，5裂，锯齿中等锐。该品种为早、中熟鲜食品种，可用于制汁。该品种多次结实能力强，经无核化处理可生产出无核率极高的优质无核葡萄，适应性和抗病性均较强。

栽培要点：在多雨地区宜采用避雨栽培，棚架、篱架栽培均可，应注意病害的防治。冬季修剪一般每亩留 7 000～8 000 个梢，以中梢修剪（留 6～7 个芽）为主，结合 3 芽短梢修剪。

二、鲜食无核优良品种

（一）碧香无核

品种来源：碧香无核又称旭旺 1 号。该品种是吉林农业科技学院以 1851 为母本、莎巴珍珠为父本杂交选育出的无核葡萄品种，1994 年选育获得，2004 年 1 月通过吉林省农作物品种审定委员会审定并命名，是一个早熟、无核、综合性状优良的鲜食葡萄品种。

果实特征：果皮薄，无涩味，有玫瑰香味。穗形较整齐，果穗圆锥形带歧肩，平均单穗重 600g。果粒圆形，黄绿色至黄色，粒重 3.45～4.0g，无核化处理后，单粒重可达 6.0g，果刷长，不落粒，不裂果，货架期长。果肉脆、香且具弹性，自然无核，具浓郁的玫瑰香味，无肉囊，可切片，口感好，可溶性固形物含量 22%～28%，含酸量低，果实转色即可食用。

栽培学特性：欧亚种葡萄。植株直立，生长势强，枝条成熟度好，花芽分化早，较易形成二次果，一年可多次结果。碧香无核在烟台地区 4 月中旬萌芽，5 月中下旬开花，7 月初进入始熟期，7 月中旬便可完全成熟，属极早熟品种，开花至成熟需 45～50d，萌芽至采收仅需 90d。每年 11 月中下旬开始落叶。坐果率高，丰产性好，早花早果，定植第 2 年即可进入盛果期。

栽培要点：该品种适合在吉林、辽宁、黑龙江南部的大多数地区栽培，也可在干旱、少雨、阳光充足的地区露地和保护地早熟栽培。目前在山东、浙江、安徽等省份均有栽培。烟台地区栽培，生长势较强，可采用单干篱架栽培，短梢修剪，该品种易爆冬芽，摘心和除副梢必须间隔至少 7d 以上，生长季需加强肥水管理。果实开始软化后，可分批除去果穗以上副梢，让果穗见阳光，促进果实成熟。碧香无核抗病性较强，但需注意霜霉病、灰霉病、白腐病的防治。在防治上掌握"预防为主，综合防治"的原则，在葡萄绒球期对树干、地面喷施 3～5 波美度石硫合剂。生长季节在雨前、雨后、发病初期及时进行药物防治，主要药剂有苯醚甲环唑、代森锰锌、嘧霉胺、烯酰吗啉等。

（二）夏黑

品种来源：夏黑，别名夏黑无核，亲本为巨峰和汤姆森无核，由日本山梨县果树试验场 1968 年杂交选育，为三倍体早熟欧美品种，1997 年 8 月获得品种登记。

果实特征：果穗多圆锥形，有副穗。果粒着生紧密，近圆形，紫黑色或蓝黑色。果粉厚，果皮中厚，有涩味。果肉硬脆，无肉囊，汁中多，味浓甜，可溶性固形物含量 20.7%，可滴定酸含量 0.49%，具浓郁的草莓香味。自然结果条件下，平均单穗重 180g，最大穗重 210g；平均穗长 22.9cm、宽 10.1cm；平均单粒重 2.2g，最大粒重 4g；果粒平均纵径 1.95cm、横径 1.78cm。植物生长调节剂处理后，平均单穗重 450g，最大穗重 510g；平均穗长 22.9cm、宽 12.7cm；平均单粒重 6.9g，最大粒重 8.9g；果粒平均纵径 2.51cm、横径 2.37cm。果实成熟后不裂果，成熟晚期稍有掉粒。

栽培学特性：枝条生长势强，花芽分化质量好，萌芽率 82.5%，结果枝率 90.1%，结果系数 1.85，发育良好的细枝条、隐芽萌发枝条均可抽生花序。早果性强，丰产、稳产性好。在山东烟台地区，4 月下旬萌芽，5 月下旬进入始花期，比红地球等品种早开花 2～5d，花期持续 1 周左右，7 月中旬果实开始着色，8 月上旬果实成熟。从萌芽至浆果完熟需 100d 左右，属早熟品种。抗病性较强，霜霉病、灰霉病、白腐病发生较轻。

栽培要点：夏黑生长势旺，选择棚架、篱架栽培均可，扇形、主干形均可。冬季不需要埋土防寒的地区，可采用改进型单干双臂式树形。一般当年培养 1 个直立粗壮的枝梢，冬剪时留 60～70cm，第 2 年春选留下部生长强壮的、向两侧延伸的 2 个新梢作为主枝，水平引缚，下部其余枝蔓均除掉。冬剪时，主枝留 8～10 个芽剪截，对主枝上每个节上抽生的新梢进行短梢修剪，作为翌年结果母枝。以后每年均以水平臂上的母枝为单位进行修剪或更新修剪。自然生长的夏黑坐果率低、果粒小，需进行两次植物生长调节剂处理。第 1 次处理时间为盛花期，选用 20mg/L 赤霉素蘸穗；第 2 次处理时间为花后 10d 左右，选用 50mg/L 赤霉素蘸穗。同时做好肥水管理，确保果粒成熟一致。

（三）火焰无核

品种来源：火焰无核，别名弗蕾无核、红光无核、红珍珠。原产美国，为美国弗雷斯诺园艺试验站杂交选育的无核品种，1973 年发表，1983 年引入我国，欧亚种。

果实特征：果穗较大，呈圆锥形，穗形紧密，穗重 680～890g。果粒着生中等紧密，果粒近圆形，果皮鲜红色或紫红色，单粒重 3～3.5g，经赤霉素处理后可达 5～6g。果肉硬脆，果皮薄，果汁中等，酸甜适口，可溶性固形物含量 17%～21%，含酸量 16%。

栽培学特性：植株生长势强，萌芽率 67%，结果枝占总枝条数的 81%，果穗多着生于结果母枝第 3 至第 7 节，每个结果母枝着生果穗 1.2～1.4 个，隐芽萌发的新梢和副梢结实力较强，丰产，适应性强，抗病性、抗寒性较强。在山东平度地区，5月上旬萌芽，6月上旬开花，8月上旬成熟，生长期115d。

栽培要点：架式可选择棚架或Y形架，进行中、短梢混合修剪。叶片薄，早春易卷叶，影响光合作用，适时定梢配合喷施叶面肥会缓解早春卷叶，促进光合作用。产量过高、果穗过大容易出现着色困难情况，可进行药物拉长处理，增加果穗着色度，提高商品价值。花前13d用50mg/L的赤霉素拉长果穗，花前2d去除花序肩部2~4个较长分枝，适量剪除穗尖部分，花穗长度留10cm左右。适时多次疏果、定穗，定穗后按16cm长度整穗，成熟后果穗长23cm左右。

（四）紫甜无核

品种来源：母本为牛奶，父本为皇家秋天，选自昌黎县李绍星葡萄育种研究所葡萄试验园。2000年杂交，获得种子325粒，沙藏保存。2001年温室催芽后培育杂交实生苗42株，2003年开始开花结果，经鉴定发现编号为A17的单株果实着色好，果粒大，无核，果肉硬脆，品质优，外观美，不裂果，晚熟，耐贮藏，抗病性强，适应性强，选为优良单株。2004—2007年经复选及区域试验，A17优良性状表现稳定，2010年通过了河北省林木品种审定委员会的审定。

果实特征：果穗长圆锥形，紧密度中等，平均单穗重500g。果粒长椭圆形，无核，整齐度一致，平均单粒重5.6g。经赤霉素处理后，平均单穗重918.9g，最大单穗重1 200g，平均穗长21.5cm，平均每穗有112粒果粒，平均单粒重10g，果粒大小均匀、自然无核，自然生长状态下呈紫黑色至蓝黑色，套袋果实呈紫红色，果穗、果粒着色均匀一致，色泽美观。果粉较薄，果皮厚度中等，较脆，与果肉不分离。果肉质地脆，淡青色，淡牛奶香味，极甜，果汁含量中等，出汁率85%，可溶性固形物含量20%~24%，含酸量0.38%，鲜食品质极佳。果实附着力较强，不落果。

栽培学特性：长势中庸，早果性好，丰产，抗病性和适应性较强，在我国北方栽培可以顺利越冬。果实成熟后可在树上挂2个月以上，且不落粒，极耐贮运，如果配合特殊的栽培管理措施，鲜果可占领市场半年以上。紫甜无核在各地普遍表现晚熟，果粒大，无核，着色一致，风味极甜，品质优良，抗病性强，较耐贮运，采收期可延长至霜降，无落果和环裂现象，丰产性好，适应性强。紫甜无核根系发达，耐旱性强。田间调查表明，紫甜无核对霜霉病、白腐病和炭疽病均具有较好抗性。

栽培要点：紫甜无核可采用篱架栽培，也可采用小棚架栽培。紫甜无核花芽形成易、坐果易、疏果难，疏果不好时，果粒小，上色不均，含糖量低，品质差。在肥水管理上运用适宜的方法达到疏花疏果的目的：葡萄发芽前进行第1次肥水管理，以施用优质农家肥为主，配以氮磷钾复合肥及硅钙镁中微肥；叶片第1次摘心完成后进行第2次肥水管理，即在开花前施肥浇水，肥料种类为高氮水溶肥，每亩施3～5kg，施后灌大水。这次肥水管理的目的是在枝条快速生长的同时，拉长果穗，不需要单独喷拉长剂。盛花期再灌1次小水，起到疏花和拉长果穗的作用。落花后马上施肥浇水，施高氮水溶肥，每亩施5kg。结合以上肥水管理措施，适当应用植物生长调节剂，在坐果后15～20d用1次膨大剂即可。

（五）紫脆无核

品种来源：紫脆无核，母本为牛奶，父本为皇家秋天，均选自昌黎县李绍星葡萄育种研究所葡萄试验园。2000年杂交，获得种子325粒，沙藏保存。2001年温室催芽后共培育杂交实生苗42株，2003年开花结果，经鉴定发现，编号为A09的单株早果性强，丰产，抗病性和适应性较强，品质极佳。2004—2007年经复选及区域试验，A09优良性状表现稳定，2010年通过了河北省林木品种审定委员会的审定，定名为紫脆无核。

果实特征：果穗长圆锥形，紧密度中等，平均穗重425.6g，最大1 500g。果粒长椭圆形，整齐度一致，平均单粒重7.5g。经赤霉素处理后，平均穗重745.3g，平均穗长18.8cm，每穗平均有101粒果粒，平均单粒重12.0g，果粒大小均匀、自然无核，自然生长状态下呈紫黑色，套袋后为紫红色，果穗、果粒着色均匀一致，色泽美观。果粉较薄，果皮厚度中等，较脆，与果肉不分离。果肉质地脆，颜色淡青色，淡牛奶香味，极甜，果汁量中等，出汁率91%，可溶性固形物含量21%～26.5%，含酸量0.37%，鲜食品质极佳。果实附着力较强，不落果。

栽培学特性：紫脆无核长势中等，产量37 500kg/hm² 左右，早果性强，丰产，抗病性和适应性较强，且在我国北方栽培可以顺利越冬，解决了皇家秋天枝条易折断无法防寒越冬的问题。果实挂树时间长，商品性好。果实成熟后可在树上挂2个月以上，极耐贮运，如果配合特殊的栽培管理措施，鲜果可占领市场半年以上。从萌芽至成熟需122d，为中熟品种。紫脆无核在各地普遍表现中熟，果粒大，无核，着色一致，风味极甜，品质优良，抗病性强，较耐贮运，采收期可延长至霜降，无落果和环裂现象。

栽培要点：该品种抗病性较强，病害防治贯彻"以防为主，综合防治"的原则，加强管理，培育强壮树体，增强树体的抗性，保持果园的清洁，减少侵染源。全树喷布3～5波美度石硫合剂可减少越冬虫源，在降水较多的年份应提早喷波尔多液预防，在花前和花后应喷布50%多菌灵1 000倍液+50%甲基硫菌灵 800 倍液 1～2 次，防止灰霉病的发生。坐果后应根据病害发生情况，交替使用保护剂和杀菌剂。

（六）红宝石无核

品种来源：晚熟欧亚种，美国加利福尼亚州用皇帝与 Pirovan 075 杂交培育。

果实特征：果穗大，一般重 850g，最大穗重 1 500g，圆锥形，有歧肩，穗形紧凑。果粒较大，卵圆形，平均粒重 4.2g，果粒大小整齐一致。果皮亮紫红色，较薄。果肉脆，可溶性固形物含量 17%，含酸量 0.6%，无核，味甜爽口。

栽培学特性：生长势强，萌芽率高，每个结果枝平均着生花序 1.5 个，丰产，定植后第 2 年开始挂果。果穗大多着生在第 4、第 5 节上。抗病性较差，适应性较强，对土质、肥水要求不严，耐贮运性中等。果穗较大，易感染白腐病，自然生长的果粒较小、紧密，成熟期遇雨容易裂果。

栽培要点：红宝石无核生长旺盛，宜采用棚架或 Y 形篱架整形，中、短梢修剪。可于开花前喷施赤霉素拉长花穗，可采用喷施赤霉素及环剥的方式增大果粒。花穗分离期，用 5mg/L 赤霉素浸蘸或微喷花穗，可以拉长花穗、减少疏果用工，并可降低后期白腐病的发生概率。生理落果后，用 2mg/L 氯吡脲＋25mg/L 赤霉素浸蘸果穗，可起到增大果粒、使果穗增重的作用。

（七）克瑞森无核

品种来源：别名淑女红、绯红无核。晚熟欧亚种，美国加利福尼亚州采用皇帝与 C33－199 杂交培育而成。

果实特征：果穗中等大，圆锥形，有歧肩，平均单穗重 750g，最大穗重 2 000g。果粒椭圆形、紧凑，平均单粒重 5.5g，膨大处理后，平均单粒重达 6.4g。果皮中等厚，不易与果肉分离，充分成熟后紫红色，有较厚的白色果粉。果肉浅绿色、硬脆，可溶性固形物含量 19%，延长至 10 月底采收可达 21%，含酸量 0.6%，品质极佳。

栽培学特性：在烟台地区 3 月下旬树液流动，4 月中旬萌芽，5 月中旬花序显现，6 月上旬开花，10 月下旬果实成熟，8 月下旬枝条开始成熟，11 月下旬落叶后进入休眠期。植株长势旺，当年生蔓平均长度 3～4m，直径 1～1.5cm，易徒长须及时控梢。萌芽率 95%，成枝力强，副梢生长旺，果枝率 85%左右，花序多着生在一年生枝条第 4 至第 5 节位上，每个结果枝平均着生 1.3 个果穗。正常管理条件下，苗木定植后第 2 年每亩产量 300kg，第 3 年每亩产量 1 200kg，第 4 年以后每亩产量稳定在 1 500～2 000kg。该品种生长旺盛,萌芽力、成枝力均较强,主梢花芽分化差,副梢易形成花芽,植株进入丰产期稍晚,着色差、抗病性差,易感染白腐病。

栽培要点:在烟台地区目前采用 2 种整形方式,一是篱架多主蔓扇形整形,二是小棚架单干扇形整形。篱架和小棚架各有优缺点,篱架产量比小棚架高,但品质不如小棚架,小棚架易控制树势,但比篱架费工约 20%。克瑞森无核果穗大、果粒着生较紧密。当花序显现时,应及时疏除过多的花序,一般每个结果枝只留 1 个花序,按去小留大、去前留后的原则进行疏除。为促进果粒增大,开花 90% 时喷一次疏花剂,花后 10~15d,喷一次赤霉素(1g 兑水6kg)增大果粒。待幼果大小分明时进行疏粒,摘除受精不良、果形不正、色泽发黄的果粒,留下大小均匀、色泽鲜绿的果粒。待果粒黄豆大小时,全园喷一次杀菌剂和杀虫剂,杀菌剂如多菌灵、代森锰锌、甲基硫菌灵等,杀虫剂如毒死蜱,药液晾干后开始套袋。

第四章

葡萄园土肥水管理

　　土壤是葡萄根系生长的介质，为葡萄供应营养、水分等，维持稳定的根系温度和湿度。土壤是一个天然的再循环系统，也是许多昆虫及微生物的栖息地，能吸纳和释放气体，满足植物根系的呼吸作用。因此，土壤状态很大程度上决定了葡萄树的寿命、果实产量和品质。不同的土壤类型、耕作方式及土肥水管理都会对葡萄生长和果实品质产生重要影响，要实现葡萄栽培的稳产、优质、高效益，需要有较高的土肥水管理水平。

一、土壤管理制度

　　常用的土壤管理制度包括清耕、覆盖和生草三大类。

（一）清耕

　　20 世纪 80 年代以前，我国的果园基本是清耕管理。葡萄园清耕是指除葡萄树外，园内不保留任何草类，保持园地干净的一种土壤管理制度。清耕包括中耕除草法和使用除草剂的方法。采用清耕法的葡萄园，必须注意保墒并及时灭除杂草。除草应根据杂草群落发生规律，掌握除草时期和控制杂草发生量。清耕主要有以下优点：

　　1. 提高地温

　　春季耕地能使土壤疏松，增加土壤的受光面积，增强土壤吸收太阳辐射的能力，还能使热量快速传向土壤深层，地温提高快。尤其在早春，中耕可以显著促进黏性土壤中葡萄根系的生长和对养分的吸收。

　　2. 增加土壤有效养分含量

　　土壤中的有机物必须经过土壤微生物的分解后才能被植物吸收利用。土壤里有很多微生物为好气型，当土壤板结氧气不足的时候，微生物的活动比较弱，导致土壤里的养分不能充分分解和释放。松土之后土壤微生物会因氧气充足而活动，从而有效地进行繁殖和分解有机物，释放土壤潜在的养分，土壤养分的利用率显著提高。

3. 调节土壤含水量

在干旱的时候进行中耕，能切断土壤表层的毛细管，阻碍土壤水分向上运输，减少蒸发。

清耕的缺点：清耕后，山坡地葡萄园的土壤容易受到雨水侵蚀，造成土壤和肥料的流失；土壤中的有机质矿化速度快，有效养分消耗也快；土壤含水量和温度不稳定，夏季高温期土温会急速上升影响根系的生长。

（二）覆盖

果园覆盖是一种较先进的土壤管理方法，适宜在干旱地、盐碱地和沙荒地等土壤较瘠薄的地区采用，有利于水土保持、盐碱地减少返碱和增加有机质。葡萄覆盖栽培的传统方法是在葡萄树盘下覆盖作物秸秆、稻壳麦糠、锯末及杂草落叶等有机物料，现代的方法是覆盖塑料薄膜、园艺地布等材料。

1. 秸秆等有机物料的覆盖

将作物秸秆、稻壳或锯末等有机物料铺设在葡萄树下，待其腐烂分解后再不断进行补充。有机物料覆盖可以减轻冬季根系冻害，减少土壤水分蒸发。雨季到来前翻耕入土，腐烂后增加土壤有机质含量。葡萄园覆盖2～3年后，覆盖物腐烂使土壤中有机质含量明显提高，有利于改善土壤理化性状，提高土壤通气透水性，促进葡萄根系对肥水的吸收。

秸秆覆盖也有一些缺点：一是原料体积大，运输及覆盖费工；二是容易被风刮走，干燥期还有发生火灾的危险。另外，覆盖物为病原菌、害虫和鼠类提供了躲避场所。由于陈秸秆中含有大量病原菌和害虫虫卵，覆盖前应在烈日下摊晒2～3d或用石灰水喷洒消毒。覆盖物厚度应为15～20cm。及时补充氮有利于覆盖物的分解和土壤微生物的繁殖。

2. 塑料薄膜和园艺地布覆盖

用塑料薄膜或园艺地布将园地覆盖。塑料薄膜已经推广应用了多年，其使用寿命短，需要每年更换，而近年兴起的园艺地布为黑色无纺布材质，优点是行间管理方便，布下遮光难生杂草，一般使用3～4年需更换。

覆盖的作用：一是保墒，地膜覆盖能较长时间保持土壤湿度，使土壤含水量较为稳定。二是增温保温，试验资料证明早春覆膜后，0～20cm土层的温度比不覆膜高2～4℃。三是除草免耕，覆盖黑膜能遮挡阳光，减少葡萄树下杂草，不用除草。四是减少病虫害发生，白腐病和霜霉病的病原菌可以在土壤中越冬，地膜能够阻隔土壤中的病原菌孢子传播到植株上，从而抑制病害的发生。另外，地膜覆盖减少了土壤水分蒸发，降低了田间湿度，也可以减少病害的发生。覆盖地膜能有效防止和隔绝食心虫、金龟子和大灰象甲等害虫入地越冬，对减轻翌年虫害有明显效果。五是促进成熟，提高果实品质。地膜覆盖可以使早熟品种提前7～8d成熟，中熟品种提前4～5d成熟。反光膜的使用可促进果实着色，提高果实品质。覆盖地膜需要注意选择较厚不易碎的地膜以免污染土壤，长期覆盖地膜容易造成土壤缺氧、根系上浮，建议在葡萄采摘后及时把地膜揭去，并带出葡萄园处理，利用阳光中的紫外线对地面进行杀菌，同时配合施肥松翻土壤。

覆盖方法包括树盘覆盖和带状覆盖。覆盖时间和膜的颜色、材料的选择因用途不同而不同，以保墒促长为目的的覆盖应在早春或干旱前进行，以促使早萌芽且整齐，以促进葡萄早着色和提高品质为目的的覆盖，应选择银白色反光膜。

（三）生草

在我国，葡萄园中的杂草通常通过除草剂或清耕来控制，采用生草法较少。一方面是习惯使然，省工省事；另一方面农民担心生草会与葡萄竞争水分和养分。此外，生草需要购买草种和机械，有一次性投资问题。然而，长期使用除草剂会导致多种杂草产生抗性，除草剂使用浓度越来越高，不但造成土壤贫瘠板结，还会直接对葡萄根系造成伤害。葡萄园生草是一项技术革命，是先进、实用、高效的土壤管理方法。在国外，20世纪50年代就开始推行葡萄园生草法，土壤有机质含量均在2%以上。我国葡萄园土壤有机质含量普遍较低，要缩小与发达国家之间的土壤质量差距，除在葡萄园中施用有机肥外，葡萄园生草也是一条重要途径。推行葡萄园生草，对提高土壤有机质含量、创造良好的生态环境、提高果实产量、改善果实品质有很大的作用。

生草法的好处：一是减少除草剂的使用，苜蓿和黑麦草会抑制大多数冬季杂草的萌发和生长。二是增加土壤中有机质含量及无机养分有效含量。有研究表明，与使用除草剂相比，种植苜蓿和黑麦草3年后土壤表层10cm中的碳含量提高了20%。三是改善土壤物理性状，提高土壤微生物种群数量，土壤表面紧实程度降低，水分更容易渗透到葡萄根部，从而有利于根系的生长。四是提高效益，如果使用适合当地的草种，生草葡萄园中葡萄产量与无草园相近或更高，但生产投入少，比清耕法节省劳动力。

葡萄园生草分为自然生草和人工生草。自然生草是在葡萄园行间、株间任草自然生长，利用活的草层进行覆盖，再清除恶性草（直立生长、茎秆易木质化的草），人为调整草的数量及高度。适时进行刈割，控制草的长势以缓和春夏季草与葡萄树争夺水肥的矛盾。有些果农误解了葡萄园生草的含义，放任杂草生长，不注意控草，给葡萄园管理带来了很大问题。一般情况下，1年刈割3～4次，灌溉条件好的葡萄园可多刈割1次。全园生草管理，割碎的草就地腐烂，也可以开沟深埋，与土混合沤肥。

人工生草是指人工全园种草或在葡萄树行间带状种草。行间人工生草，在距离葡萄植株 30～50cm 的行间种草，行内覆盖或清耕。人工生草使用草的种类是经过人工选择的，用于葡萄园的草种应具备以下条件：高度较低、浅根性、产量高、覆盖率高、需肥需水量少、与葡萄没有相同的病虫害。常用的有白车轴草、苜蓿、黑麦草、野燕麦、紫云英、虎尾草、斜茎黄芪、小冠花、百脉根等。

葡萄园在生草播种前一年应该控制杂草，播种前清除葡萄园内的杂草。人工生草时间一般在春季或秋季，当土壤温度稳定在 15～20℃ 以后进行播种。葡萄园人工生草播种量一般为 20kg/hm²（每 100m 行长播种 600g）或更多。不同草种因种子大小不同可适当调整播种量，如白车轴草每亩播种 0.75kg、苜蓿每亩播种 1.2kg、多年生黑麦草每亩播种 1.5kg 等。高播种量可以提高与杂草的竞争能力和对抗虫害的能力。条播、撒播均可，条播更便于管理，最好使用圆盘播种机进行播种。草种宜浅播，一般播种深度为 1～2cm，禾本科草类播种时可相对较深，一般为 3cm 左右。种植豆科植物时，可以选择液体根瘤菌剂喷施土壤或者采用拌种的方式接种根瘤菌。良好的结瘤可以大大提高豆科植物的固氮能力，改善土壤结构，提高土壤肥力。播种后最大限度地提高草第 1 年的生长量、促进开花和结实，避免割草或放牧。生草第 2 年后，当草生长超过 30cm 时应及时刈割或碎草，刈割留茬 5～10cm。割下来的草用于覆盖树冠下的清耕带，即生草与覆草相结合，达到以草肥地的目的。

二、肥料种类与应用

施肥是葡萄园管理的核心内容之一，科学规范的施肥是葡萄优质丰产的保障。葡萄园肥料包括有机肥和无机肥 2 类，有机肥亦称为农家肥。有机肥种类多、来源广、肥效较长，其所含的营养物质植物难以直接利用，需经微生物分解，缓慢释放出养分。无机肥也称化肥，具有纯度高、易溶于水、根系吸收快等特点，故又称速效肥料。此类肥料用于生长期追肥，作为有机肥的补充，具有十分重要的作用。

（一）有机肥

有机肥包括厩肥、饼肥、堆肥、人粪尿和绿肥等。有机肥含有机质多，营养元素比较全，故称完全肥料。多数有机肥要通过微生物分解才能被植物吸收，具有迟效性，宜作建园用肥和基肥。有机肥中，饼肥肥效最高，鸡粪次之，人粪尿腐熟后肥效快，可作追肥用。有机肥不仅能提供葡萄树生长发育所需营养元素，而且可以不断增加土壤肥力，为土壤微生物活动创造物质基础，还能改善土壤结构，有效地协调土壤中的水、肥、气、热，提高土壤肥力和生产力。

葡萄树的根系分布深度为 20～80cm，若按照 20cm 计算，每亩大概需施用有机肥 3～4t。有机肥的施用是一个持续性的补充，建议每年或隔年使用 1 次，这样可以有效改良葡萄园的土壤。如果是新建园，建议在建园挖沟过程中 1 次性补足 3 年的有机肥，即每亩施 10t 左右，此后 3 年不需要再施用有机肥，降低了每年开沟施用有机肥的劳动力支出，3 年过后每年持续补充。

（二）无机肥

无机肥，又称化肥，包括氮肥、磷肥、钾肥和复合肥等。

1. 氮肥

氮是葡萄需求量最大的矿质元素。一般情况下，在一个生长季中，每生产 1 000kg 葡萄果实，葡萄树需要吸收 3～6kg 氮。葡萄在花期和果实膨大期对氮肥的需求量最大。施氮肥的最佳时期是霜冻过后的晚春，在坐果后幼果膨大期施用氮肥可满足果实增大的需求。采收后是另一个施氮肥的关键时期，此时期葡萄吸收和贮存的氮可用于翌年的生长。如果葡萄树体贮存氮不足，将会严重影响早期的萌芽生长和花序的发育。葡萄生产上常用的氮肥有尿素、碳酸氢铵、硝酸铵、硫酸铵和氯化铵等。尿素施入土壤后，转化为碳酸氢铵或碳酸铵后才可被树体吸收。尿素适宜作基肥或追肥，还可用作叶面追肥，常用浓度为 0.3%～0.5%。碳酸氢铵水溶液呈碱性，可以在较长时间内起到改良土壤酸化的作用，但碳酸氢铵不稳定，易挥发分解成氨气，造成氮的浪费。碳酸氢铵宜作追肥或基肥。

2. 磷肥

种植葡萄前进行土壤磷含量测定，若土壤含磷量低于 10mg/L，则需要施磷肥。磷的移动性差，在土壤中极易转变为无效态贮藏，当季利用效率低。一般情况下，在一个生长季中，每产 1 000kg 果实，葡萄树需要吸收 1～3kg 五氧化二磷。一般以磷肥全部施用量的 50%～75% 作基肥，其余作追肥。研究表明在旺长期和果实膨大期 2 次追施磷肥可满足摩尔多瓦葡萄对磷的需求。常用的速效磷肥为磷酸氢二铵，其含氮 16%～21%、含有效磷（五氧化二磷）46%～54%，因此使用时既补了磷也补了氮。用作基肥的磷肥有过磷酸钙、钙镁磷肥和磷矿粉等。过磷酸钙通常称为普钙，其主要成分为有效磷（五氧化二磷），含量为 14%～20%，易吸湿结块，可用作基肥、追肥和叶面喷洒；钙镁磷肥是常用的弱酸溶性磷肥，含有效磷 16%～18%，钙镁磷肥肥效不如过磷酸钙快，但后效期长，一般与有机肥混合后作基肥施用；磷矿粉含磷量为 10%～35%，其中 3%～5% 的磷能溶于弱酸被果树吸收，其余为后效部分，能逐年转化被根系吸收，肥效可持续几年。叶面喷施用磷酯二氢钾，其含有效磷 52％、有效钾超过 34％，为磷、钾双补，一般合格产品标注有效成分为 90％。

3. 钾肥

葡萄树每生产 1t 果实需要从土壤中吸收 4～7.2kg 的氧化钾。丰产葡萄园一般每年每亩施钾肥量为 15～22kg。钾肥的施用可一半用于基肥，另一半在萌芽后几周到果实转色前的浆果膨大期施用。生产上常用的钾肥包括硫酸钾、硝酸钾、氯化钾、碳酸钾和磷酸二氢钾等。硫酸钾含钾 33％～48％，是生理酸性的速效性肥料，可作基肥与追肥，一般与有机肥混合施用。氯化钾含钾 50％～60％，因含有氯离子，在葡萄上用量要少，隔年应用较好。硝酸钾含钾 45％～46％，主要用于果实膨大期。

（三）肥料施用时间

1. 基肥

基肥又称底肥，施用量占施肥总量的 70％以上，施基肥是葡萄园施肥中重要的一个环节。基肥的施用从葡萄采收后到土壤封冻前均可进行。生产实践表明，秋施基肥越早越好，宜在果实采收 7d 以后至新梢充分成熟的 9 月末 10 月初进行。秋施基肥正值根系的第 2 次生长高峰，在施肥过程中被切断的根容易愈合，并能促发新根。此时施肥还可以迅速恢复树势，促使新梢充分成熟和花芽深度分化，增强越冬能力，有利于翌年萌芽、开花及新梢早期生长。施肥以有机肥为主，速效性无机肥为辅，如尿素、硝酸铵、过磷酸钙、硫酸钾等。施基肥的方法有全园撒施、穴施和沟施。撒施肥料常常引起葡萄根系上浮，应尽量改为沟施或穴施。篱架葡萄常采用沟施，方法是在距植株 50～80cm 处开沟，宽 40cm、深 20～50cm，再用一层土一层肥料的方法将沟填满。有调查发现辽宁果农种植巨峰和玫瑰香每亩施用优质厩肥 3 000～6 000kg，产果 1 500～2 000kg，即每千克葡萄需基肥 2kg，连续 10 年，树势中庸，产量稳定。在有机肥施用量充足的情况下，每生产 100kg 果实施用 100kg 有机肥搭配过磷酸钙 1～3kg，其他速效化肥如尿素、硫酸钾等按 1～3kg 的量进行添加。有机肥质量好，化肥可控制在 1kg；有机肥质量稍差，化肥可增至 2～3kg。当前很多葡萄产区的果农在施有机肥前，先在施肥沟底铺垫一层厚 10～20cm 的秸秆或碎草。为了减轻施肥的工作量，也可以采用隔行开沟施肥的方法，轮番沟施，使全园土壤都得到深翻和改良，规模较大的果园最好采用施肥机械。

2. 追肥

追肥在葡萄生长期进行，以促进植株生长和果实发育为目的，在每年生长季最少进行 3 次，多者可达 5 次。追肥以速效性化学肥料为主，如尿素、磷酸氢二铵、硫酸钾等。追肥的时期、种类和数量应根据葡萄在一年中的物候期、对养分种类的需求、当地土壤肥力及施肥能发挥出的肥效而定。总体上追肥主要包括以下几种：

（1）催芽肥

不埋土防寒地区的施肥时间在萌芽前 14d，埋土防寒地区多在出土上架、土壤整畦后进行。催芽肥以氮肥为主，磷、钾肥为辅。追肥时注意不要碰伤枝蔓，以免引起过多的伤流。

（2）花前肥

葡萄花序开始拉长、开花前 7～10d 进行。花前肥可促进花序发育，提高坐果率。花前肥以速效氮肥和磷肥为主，钾肥为辅。如果土壤肥水充足，树势强旺，此期追肥可免去。

（3）壮果肥

葡萄果粒生长至约黄豆大小时进行。此次追肥宜氮、磷、钾肥配合施用，尤其要重视磷、钾肥的施用。幼果生长期是葡萄一年当中的需肥高峰期，此时施肥不仅促进幼果生长，而且对当年的枝叶生长均有良好的促进作用。

（4）转色肥

转色肥又称催熟肥，在果实封穗后至转色前施用。此期施肥以钾肥为主，磷、氮肥为辅，每亩施用量 10～20kg。转色肥可提高果实着色度和含糖量，促进枝条正常成熟。每亩可施用钾肥 5～10kg、硫酸镁 2～3kg。

（四）肥料施用方式

常见的施肥方式包括土壤施肥、叶面喷施和灌溉施肥等。

1. 土壤施肥

土壤施肥是一种传统的施肥方式，即将肥料直接施入土壤中，优点是一次性施入量可以相对较大，因土壤本身具有很大的缓冲作用，同时肥料需要通过溶于水中被根系吸收后利用，所以可以施入相对较高浓度肥料，大量补充土壤养分损失，也不会立即、直接对植物造成损伤。根系是植物吸收营养最主要的器官，土壤施肥直接供应根系营养。土壤施肥常结合土壤耕作可同时起到改良土壤的作用，但相对费时、费工。主要做法有以下几种：

（1）条（沟）状施肥

沿葡萄栽植的行向在距葡萄根颈 30～40cm 处挖一条 30～40cm 深的沟（施有机肥）或 10cm 的浅沟（施化肥），将肥料均匀撒入沟内，回填土壤，浇水。对于有机肥的施用，一年仅可在一侧进行挖沟，因挖沟一定会伤及根系，如果一次性伤根过多，会对树体吸收营养造成巨大影响，削弱树势。挖沟时应尽量避让较粗大的根。

（2）穴状施肥

施有机肥时，在距葡萄树 30～40cm 处挖直径 40cm、深 40cm 的穴，一般每株挖 2 个，在树两边相对进行，然后施入完全腐熟的有机肥，回填土壤。第 2 年在上一年位置的旁边进行，经过 4～5 年（次）实现全株区域有机肥施用。这种施肥方法在施用肥料的同时对局部土壤性状进行了改良，相对于条（沟）状施肥，穴状施肥更加集中，改良效果更好。以后在相邻部位继续进行，原改良的土壤可以保持相对稳定，有利于根系稳定生长。对于土壤条件较差、有机肥源不足的葡萄园采用这种方法施肥效果更佳。

用于施化肥时，在距葡萄树 30～40cm 处挖浅穴，随挖随施入化肥，回填土壤。

（3）放射状施肥

对于栽植株行距较大的葡萄园，可以采用这种方式施用有机肥。从距葡萄根颈 20cm 处向外挖沟，由浅渐深从内向外挖至 40cm 深、由窄渐宽挖至 30～40cm 宽，沟长 40～60cm，全株依肥料多少可挖沟 2～4 条，然后将有机肥填入沟内，回填土壤，浇水。

（4）撒施

即将肥料直接撒于葡萄园地面上，多数情况下是撒于行内树冠下，可用于有机肥和化肥的施用。如果是施用化肥，则随后立即浇水，以减少化肥的损失。对于有机肥，有条件的可以进行一次土壤浅翻或用旋耕机进行一次旋耕。这种方法简便易行，但对改良土壤效果有限。

2. 叶面喷肥

叶面喷肥是指将无毒无害、含有各种营养成分的有机或无机营养液，按一定的剂量和浓度，喷施在植物的叶面上，起到直接或间接供给养分的作用，也称根外追肥。叶面喷肥的优点是简便易行，吸收不受根系生长的影响，应用时期灵活。叶面喷肥补充营养迅速，在植物生长关键时期，如植物出现某些营养元素缺乏症，采用叶面喷肥，能使养分迅速通过叶片进入植物体，补充养分。另外，某些肥料如铁、锰、锌肥等，如果根施易被土壤固定，影响施用效果，而采用叶面喷施就可避免受土壤条件的限制。

但叶面喷肥因用肥少（只能用少量肥，受叶片吸收能力所限，若加大肥量喷施则极易出现药害），所以肥效维持时间短，因此，施用时应注意时间，在植物需求某些元素的关键期前一段时间进行施用，如葡萄缺硼、锌症的防治与矫正，则可在花前一周进行叶面喷肥。

叶面喷肥效果受温度、湿度、风力等环境因素影响较大。一般气温在 18～25℃时喷施为好，叶片吸收快，最好选择无风、阴天或湿度较大、蒸发量小的上午 9 时以前或下午 16 时以后进行，如喷后 3～4h 遇雨，则需进行补喷。

为了节省用工，肥料可与杀虫剂、杀菌剂一起喷施，但要注意药剂酸碱性，防止叶面肥与之发生化学反应使肥效和药效遭到破坏。

应注意的是，叶面喷肥在补充大量元素方面能力有限，对植物需求量大的营养元素如氮、磷、钾等，据测定要 10 次以上叶面喷肥才能达到根部吸收养分的总量，根部比叶部有更大、更完善的吸收系统，因此叶面喷肥不能完全替代作物的根部施肥，只能是土壤施肥的补充方式，必须与根部施肥相结合。

3. 灌溉施肥

灌溉施肥为土壤施肥的一种特殊形式，即结合灌溉过程，将肥料溶入灌溉水中，在灌溉的同时将肥料带入土壤中。较为原始的灌溉施肥方法是通过沟灌追施肥料，将肥料事先溶于水中，随灌溉水施入土壤中。易出现的问题是往往入水口处灌溉的水过量，而远离入水口一端的灌溉量偏低，造成了灌水和施肥的不均衡。整地高低不平也会发生水肥不均衡的现象，低洼处水肥过量，高处水肥不足。

滴灌与施肥相结合是实现灌溉施肥的有效手段。在滴灌系统中配以一定比例的全水溶的肥料，可以准确、定量地将肥料施入葡萄根系集中区（长期滴灌园区葡萄根系分布与灌溉滴头所在位置相关），可以提高肥料利用率，同时省工、省肥，施肥可少量多次，简便易行。

采用水肥一体化设备后，能极大地提高肥料和水资源利用率。肥料的种类、施肥量和灌水量也应随着施肥方式进行相应调整。通常按照单种肥料浓度0.1％～0.3％、总浓度不超过 1％的标准进行施肥。每次滴灌 1 亩地用肥量一般不超过 10kg，1 年滴灌 8～12 次。

三、灌溉技术

土壤水分对葡萄树的生长发育有着重要的影响，严格控制葡萄树整个生育期水分的供应，是优质生产的关键。葡萄在不同的生育期，对水分的需求不同，新梢生长期水分过多会造成枝条徒长或坐果不良；果实硬核期适当控水，可抑制新梢生长；果实膨大期供应充足的水分，有利于细胞分裂和果实膨大，提高产量，防止成熟期裂果发生；果实成熟期适当控制水分，充足的水分供应会造成果实着色不良、含糖量低、含酸量高、品质下降等。土壤水分不足会导致葡萄树发生水分胁迫，进而阻碍葡萄树正常生长并降低果实产量。

当葡萄树的需水量高于供应量时，就会出现干旱胁迫。我国西北干旱、半干旱地区常年严重缺水，葡萄树需水基本要通过灌溉来满足。近十年来华北地区频繁出现春夏连旱现象，严重制约了葡萄树新梢生长和坐果，灌溉设施和水源需求显得越来越迫切。如果在炎热的夏季葡萄树遭遇干旱，水分胁迫与热胁迫相复合，叶片往往出现日灼和老化。不同品种对缺水的反应不同，例如西拉容易出现缺水症状，生长减缓，但在土壤水分条件改善时具有很强的恢复能力；赤霞珠缺水时，果实通常会发生干瘪，早于叶片掉落。水分胁迫根据时间和程度不同可以正面或负面地影响葡萄果实品质。土壤水分过高会导致葡萄枝条旺长，形成遮阳的树冠，不利于果实品质的形成，并且会增加真菌病发生的风险。

(一) 灌溉时期

葡萄树需水量从萌芽开始随着树冠的扩大和蒸发、蒸腾量的增加而增加。一般在生长前期田间持水量应不低于 60%，后期在 50% 左右。具体灌溉时期和灌溉量应根据气候、土壤水分状况及葡萄树的年生长周期而定。一般可分为以下几个时期：

1. 萌芽前

葡萄萌芽前是第 1 个关键时期。此时期土壤比较干燥，不利于葡萄树的萌芽、生长以及花芽的继续分化，因此萌芽前可灌 1 次透水。埋土防寒区在葡萄枝蔓出土上架后需马上进行灌溉。

2. 开花前

此时期新梢开始旺盛生长，叶片迅速扩大，花序也在进一步发育分化，新根大量发生，蒸腾量逐渐增大，对水分的需求量也逐渐增大。保证花期土壤湿度有利于根系生长、树冠建立及开花坐果。但对于巨峰系易落花落果的品种，花前灌溉不能离花期太近，一般花前 7d 进行灌溉。

3. 果实生长期

葡萄果实的生长需要充足的水分。每 7～20d 灌溉 1 次，具体根据土壤质地、气候条件和树体生长情况而定。温室内水分蒸发量小，灌溉的次数和水量少于露地，视情况灌 1～2 次水即可，根据土壤类型不同，一般在果实采收前 2～6 周停止灌溉。转色后适度减少灌溉量，有利于抑制枝条旺长，此期间枝条旺长会使果实成熟延迟，降低枝条成熟度。

4. 浆果采收后

葡萄树需要水分和养分来恢复树势，可结合施肥进行灌溉。此时的灌溉应以维持树冠大小不变为宜，过度灌溉可能导致枝条继续生长，枝条成熟度不够。轻度水分胁迫可抑制枝条生长并促进其成熟，但胁迫不应导致落叶。

5. 冬季休眠

此时期可灌 1 次冬水，埋土地区在埋土前 7～10d 进行，不下架地区在地面封冻前进行，如果灌溉较早或气温较高则蒸发量较大，还须视干旱情况进行 1 次补充灌溉，以保证葡萄根系在冬季的生命活力，有利于春季后发芽生长。

（二）灌溉方法

灌溉系统的建立需要大量的资金投入，应该仔细规划和设计，需要考虑土壤类型、土壤深度、葡萄种植密度、葡萄有效根际区域、水质以及资金投入等。灌溉系统设计应利于葡萄树生长，同时尽量减少土壤侵蚀和水分流失。

1. 漫灌

漫灌是指在园地里灌溉时，让水在地面上漫流，借重力作用浸润土壤。按照浸润土壤方式的不同，漫灌可分为淹灌、畦灌和沟灌。漫灌适合用于坡度非常平缓（畦灌坡度小于 1％，沟灌坡度小于 2％）且水流大的葡萄园，其耗水量很大，但成本低、操控简单。漫灌可以洗掉土壤中的部分盐分，降低土壤的 pH，但漫灌过程中的深度渗透会造成水分大量浪费。利用葡萄的定植沟进行灌溉，每次每亩灌水量为 40～60m³。新疆吐鲁番的砾质土壤葡萄园，每隔 7～10d 需灌水 1 次，全年灌水 25～30 次，每亩年灌水量为 1 000～1 600m³。漫灌受地势的影响，水的分布并不均匀。水源若为河道水，水中常含有杂草种子，另外病原体也可随水流在葡萄园中传播。漫灌后，田间操作管理会受到限制。随着现代种植方式的进步，这种浪费水资源的灌溉方式已经逐步减少应用。

2. 喷灌

喷灌是在加压的情况下通过管道和喷头以雨滴状态给葡萄树提供水分。喷灌的形式主要分为 2 种：一种是地插式，供水主管铺设在地面上，然后根据葡萄树的株距调整喷头的安装位置，喷头连着支管插在土里，喷洒范围可以根据高度和水泵压力来调节；另一种是悬挂式，供水主管悬挂在空中，喷头通过连接软管从主管上吊下来，喷头上有一个加重模块防止喷头晃动，雾化的效果根据喷头喷嘴的精密度而定，一般雾化好的喷嘴喷洒半径较小，雾化差的喷嘴喷洒半径较大。

喷灌可用于高温干旱地区土地不平整、持水能力有限、供水有限、霜冻保护或有灌溉自动化等特殊管理要求的园地。喷灌最明显的优势是既可以控制喷水量，避免深层渗透和地表径流造成的水资源浪费（可节约用水 30％左右），又提高了灌溉的均匀性，能使整个种植垄面都湿润，非常适合不平整的土地。在不规则土地上进行喷灌，可以省去用于土地分级和地表水分配的费用。在夏季高温时可以利用喷灌降低葡萄园内的气温，在冬、春季可以利用喷灌预防冻害和霜冻灾害的发生。喷灌的缺点也很明显，葡萄园喷灌的主要限制因素是安装成本高，系统运行成本高。另外灌溉水必须含盐量低，否则可能会对叶片产生损伤。喷洒范围不好控制，容易浪费肥水，而且容易受风干扰，如果喷头的位置没放置好，容易有喷洒不到的盲区。喷灌时水分蒸发较多，易造成葡萄园小气候湿度过大，从而增加病害发生的概率。

目前，大部分喷灌系统中的洒水喷头已被微喷头取代。喷灌系统的使用应遵循能源节约原则，降低能耗在灌溉系统的选择和设计中十分重要。高压操作且快速完成灌溉，需要大型泵和大直径的管道，这种系统投入多、需电量大、能源消耗也多。利用低压喷头，可最大限度地减小泵送设备的尺寸，并减少摩擦损失。提供相同体积的水，低压喷灌系统使用较小的泵送设备即可，从而降低设备投入和能源消耗相关成本。通过将喷嘴的工作压力从 0.35MPa 降低到 0.25MPa，水加压的能源成本降低 30%，从 0.45MPa 降低到 0.35MPa 可以节省 23% 的能源成本。低压系统中每个喷头的覆盖直径较小，宽行距需要更小的喷头间距。

3. 滴灌与水肥一体化

滴灌是利用滴灌设备给灌溉水加压，通过各级管道输送到葡萄园，再通过直径约 10mm 的毛管上的孔口或滴头使水以水滴的形式不断地湿润葡萄根系主要分布区的土壤。滴灌的管材有硬管软管之分，硬管使用时间长，造价高，软管反之。对于水质不好的葡萄园，可以选择造价低的软管，1～2 年更换 1 次，以保证滴灌的效果。滴灌可解决水资源短缺、用水成本高、土壤水渗透性差异大以及在陡坡上种植葡萄所带来的灌溉问题。滴灌系统可以按葡萄树生长需要合理供水，精确控制葡萄树根区水分状态，另外可以结合水肥一体化系统使用，从而高度调控树体的状态。滴灌管道可以安置在土地表面或埋在土中，对耕作土地干扰小，允许机械化操作。滴灌每 5～20d 灌溉 1 次，每次每亩灌溉水量为 20m³ 左右。有研究表明葡萄生育期滴灌的灌溉量为 4 500m³/hm² 时，品质和产量较好。与其他灌溉系统相比，由于滴灌过程中径流减少、深层渗透减少以及湿润土壤表面积减少，所以蒸发量减少，可以实现大量节水，是目前干旱缺水地区最有效的一种节水灌溉方式，根据灌溉频率和气候，可节水 5%～15%。滴灌系统通常在接近 0.1MPa 的压力下运行（滴水口测量），与高压喷灌系统相比，滴灌系统中水加压能量消耗减少约 33.3%。滴灌系统泵和管道的尺寸较小，在一定程度上减少了成本投入。

膜下滴灌技术是覆膜技术和滴灌技术的结合，即在滴灌带或滴灌管道上覆盖一层地膜，节水、节肥、增产、增收效果明显，发展前景广阔。通过戈壁栽培葡萄树进行大水漫灌和膜下滴灌试验，发现滴灌可节水约 50%，滴灌每年平均灌水量为 6 000m³/hm²，膜下滴灌每年平均灌水量为 4 500m³/hm²。另有研究发现在一定施肥量的条件下，灌溉量 2 700m³/hm² 能促进酿酒葡萄马瑟兰的新梢生长，单粒质量和纵横径表现较突出，并明显提高果实可溶性固形物含量、还原糖含量及果皮中酚类物质质量分数。

　　滴灌系统使用过程中，滴水口可能会被沙子、淤泥或者黏土颗粒堵塞，在检测到堵塞之前，葡萄树可能已经受到严重胁迫。过滤灌溉水和酸液处理可以有效地避免滴水口堵塞。另外，滴灌系统滴水口附近容易生长杂草，机械化除草较难实施。

第五章

葡萄树体管理

葡萄树是多年生蔓性果树，枝蔓柔软、细长，立支架进行栽培，能够使葡萄树保持一定的树形，保证有充足的光照和良好的通风条件，生产出优质的果品。葡萄树栽培的主要架式为篱架和棚架。

（一）篱架

架面与地面垂直，沿着行向每隔一定距离设立铁丝，形状类似篱笆，故称为篱架，又称立架。这是目前葡萄生产中应用最广的架式，主要有 3 种类型：

1. 单壁篱架

即每行设一个架面且与地面垂直，其高度一般为 1～2m，架上拉铁丝 1～4 道，架的大小依品种、树势、整枝方式、生态条件而定。行距 1.5m 时，架高 1.2～1.5m；行距 2m 时，架高 1.5～1.8m；行距 3m 以上时，架高 2.0～2.2m。

一般顺行向每隔 4～6m 设立柱，立柱埋入地下 50～60cm，在立柱上横拉铁丝，第 1 道铁丝离地面 60cm，往上每隔 50cm 拉一道铁丝。将枝蔓固定在铁丝上。

单壁篱架有利于通风透光、提高果实品质，田间管理方便，又可密植，有利于实现早期丰产，适于大型酿造基地园采用，便于机械化耕作、喷药、摘心、采收及培土防寒，节省人力。其缺点是受极性生长影响，树体长势过旺，枝叶密闭，结果部位上移，难以控制，下部果穗距地面较近，易污染和发生病虫害。

2. 双壁篱架

结构基本上与单壁篱架相似，即在同一行内设立 2 排单壁篱架，葡萄树栽在中间，枝蔓分别引缚在两边篱架的铁丝上。这种架在树体两侧各 40cm 左右处设柱，立柱向外倾斜 75°，其余与单壁篱架相同。双壁篱架单位面积产量比单壁篱架提高 80％左右。缺点是架材用量较多，修剪、打药、采收等田间作业不便；枝叶密度较大，光照不良，果实品质不如单壁篱架好，且易感病虫害。目前，双壁篱架栽培逐渐减少。

3. 宽顶篱架

在单壁篱架支柱的顶部加一根横梁，呈 T 形，又称 T 形架。横梁宽 60～100cm，在横梁两端各拉 1 道铁丝，在支柱上拉 1～2 道铁丝。宽顶篱架适合生长势较强、龙干形整枝短梢修剪的品种。龙干引缚在离地面约 1.3m 的篱架铁丝上，结果母枝长出的新梢均匀引缚在横梁上的 2 道铁丝上，自然下垂生长。这种架式的优点是增产潜力大、病虫害较轻、便于管理、节省人力和架材、有利于机械化作业等。在埋土防寒地区采用时，如果主干高而粗大，则不易弯倒防寒。这种架式应加以改进，可降低主干高度，并使其有一定角度，主干达到一定直径时可有计划地进行更新。

宽顶篱架扩大了架面，可提高葡萄产量，并能充分利用光照，有利于果实的机械化采收，已成为目前比较流行的架式。

（二）棚架

在垂直的立柱上架设横梁，横梁上拉铁丝，形成水平或稍倾斜的架面，葡萄枝蔓均匀分布在架面上，故称棚架。

这种架式在我国应用较多，常见的有 3 种类型：大棚架、小棚架和棚篱架。

大棚架架面较长，一般在 6m 以上，且架面倾斜。大棚架一般后部高 0.8～1.0m，前部高 2.0～2.2m 或更高。这种架式可以多占天少占地，在丘陵山坡、沟谷栽培中有明显的优越性。只要栽培穴土壤得到改良，便可栽培葡萄树，且枝条能很快布满整个空间，能充分发挥生长旺盛品种的增产潜力。平地栽培时，因行距较大不利于早期充分利用土地和早结果、早丰产。架面过长时，若管理不当，容易出现枝蔓前后长势不均衡现象，结果部位前移，后部空虚，先端枝蔓上的果穗营养供应不足而易发生水罐子病。

小棚架的结构与大棚架相似，只是架长不超过 6m，一般为 4～6m。由于行距缩小，单位面积栽培葡萄树增多，与大棚架相比有利于早期丰产；植株管理（包括上架、下架）较为方便，枝蔓前后生长均衡，产量稳定；衰老枝蔓较易更新，且对产量影响较小。因此，这种架式是目前葡萄产区应用较多的一种。

棚篱架与小棚架基本相同，只是架面的后部提高至 1.5m 以上，前部高为 2.0～2.2m。这样，一棵葡萄树兼有 2 个架面，即篱架面和棚架面，故称为棚篱架。

棚篱架除兼有棚架和篱架的优点之外，还可以充分利用空间达到立体结果。棚篱架的缺点是由于棚架架面遮盖，往往使篱架架面受光不良，影响篱架架面的果实产量和质量。这种架式的主蔓在篱架架面上直立向上生长，至棚架架面时又骤然转向水平（或稍有倾斜），容易加剧主蔓前后生长的不均衡。因此，在主蔓转向棚架架面时，应有一定的倾斜角度，避免"拐死弯"，同时又要适当减少棚架架面上的留梢量，使其通风透光，以克服上述缺点。

二、葡萄架的建立

（一）葡萄园的架材

1. 葡萄园常用架材

（1）柱材

柱材有很多种，较常用的有木柱、石柱、水泥柱和铁柱等。无论用哪种材料，都要注意支柱的牢固性，支柱的高度根据需要确定。

水泥柱横截面最小的规格为 8cm×10cm，其特点是坚固耐用。石柱横截面的最小规格为 6cm×8cm，其优点是在富产花岗岩的地区，可以就地取材，缺点是较易折断。木柱的直径应不小于 8cm。很多树木的木材都可以作为葡萄园的支柱，其缺点是埋入土中的部分容易腐烂损坏，因此需要做防腐处理。铁柱造价高，主要用于以机械采收的葡萄园。

（2）拉线

采用篱架架式，支柱上每隔 40～50cm 横向拉 1 道拉线，由支柱的高度决定拉线的数量，一般为 3～4 道线。使用最多的拉线是镀锌铁丝。篱架架式最下面一道铁丝用于固定和支撑主干或主蔓，常用 8 号（直径 4.06mm）铁丝；固定新梢的铁丝承受重力相对较小，多用 12 号（直径 2.64mm）铁丝。目前流行使用钢丝，钢丝受力后不容易拉长，成本低。

2. 水泥柱的制作方法

水泥柱的制作材料为水泥、钢筋、沙子和石子，是一种被广泛使用的柱材，这主要是因为它成本较低、制作简单，可以人工制作，也可以机械制作。水泥柱的人工制作方法如下：

①用放线器将钢筋以旋转的方式拉直，两端固定，钢筋下面撒上细沙。钢筋的密度视水泥柱的规格而定，钢筋与水泥柱表面的距离不小于 2cm。

②按所需水泥柱的规格，把隔板插入钢筋的缝隙中，然后浇注混凝土，用振动棒振动。约半小时后，将隔板拉出并搬走。

③混凝土凝固（需 48h）后，剪断相邻水泥柱之间的钢筋，并盖上草帘。

④定期喷水保养，保养时间为 360h。保养完一周后水泥柱即可使用。

（二）葡萄架的架设方法

葡萄树定植后，在第 1 年可以利用主干作为简单的支撑。冬剪后，无论是有干整形还是规则大扇形，无论是埋土越冬防寒还是冬季不下架，在第 2 年萌芽后都要建造适合于当地的葡萄架。

1. 篱架的架设方法

（1）边柱的设置和固定

一行篱架的长度为 50～100m。每行篱架两边的边柱要埋入土中 60～80cm，甚至更深。边柱可略向外倾斜并用地锚固定，在边柱靠道边的一侧距边柱 1m 处，挖深 60～70cm 的坑，埋入重约 10kg 的石块，石块上绕直径 3.251～4.064mm（8 号铅丝直径 4.064mm，10 号铅丝直径 3.251mm）的铅丝，铅丝引出地面并牢牢地捆在边柱的上部和中部。

边柱也可从行的内侧用撑柱（直径 8～10cm）固定。有的葡萄园制作水泥柱的时候，即在边柱内侧做一凸起，以便撑柱固定。有园区小道隔断的葡萄行，其相邻的 2 根边柱较高时，可以将它们的顶端用粗铅丝拉紧固定，让葡萄枝蔓爬在其上形成长廊。

由于边柱的埋设呈倾斜状态，加上拉有固定地锚的铅丝，使葡萄行两头的地块不能被有效利用。因此，也可将葡萄行两端的第 2 根支柱设为实际受力的倾斜边柱，而将两端的第 1 根边柱直立埋入土中（入土 50～60cm），与中柱相似。这样一来，葡萄行两端第 1 根支柱的受力不大，只需负荷两端第 1 和第 2支柱之间的几株葡萄树即可。

（2）中柱的设置和固定

行内的中柱相距 4～6m，埋入土中深约 50cm。一行内的中柱和边柱应为统一高度，并处于行内的中心线上。带有横杆的篱架（T 形架等），要注意保持横杆牢固稳定。

（3）铅丝的引设

篱架上拉铅丝时，下层铅丝宜粗些，可用直径 3.251mm（10 号）的铅丝；上层铅丝可细些，可用直径 2.642mm（12 号）的铅丝。在某些高、宽、垂整形的葡萄园内，支架下部第 1 道铅丝离地面较高，负重较大，这时需用较粗的铅丝。在设架和整形初期可先拉下部的 1～2 道铅丝，以后随着枝蔓增多再多拉铅丝。

拉铅丝时，先将一端的边柱固定，然后用紧线器从另一端拉紧。拉力保持在 490～690N，不可过小。先拉紧上层铅丝，然后再拉紧下层铅丝。一般铅丝有 2 种，一种为镀锌铁丝，另一种为钢丝，后者不易生锈，但拉线较费劲，需要专用工具。

2. 棚架的架设方法

棚架的架设比篱架复杂，设置单个的分散棚架比较灵活和容易调整，而设置连片的棚架就必须严格要求，从选材到设架的各个环节都要按照一定的标准高质量地完成。

（1）角柱和边柱的设置固定

葡萄棚架架面高 1.8～2.1m（以普通身高的人能直立操作为准），为四方形的平棚架，每块园地的四角各设一根角柱，园地四周设边柱，边柱之间相距约 4m。在地上按 45°角斜入坑（与地面的垂直深度约 35cm），距边柱基部外 1.5～2.0m 处挖深约 1m 的坑穴，将重 15～20kg 的地锚埋入土中，地锚预先用直径 3.251～4.064mm 的铅丝或细钢丝绑紧，用以固定边柱。角柱以较大的倾斜度埋入土中，一般为 60°，深 50～60cm。由于角柱从两个方向受到的拉力更大，可用 3～4 股铅丝或钢丝绑紧打地锚（重约 20kg），从两侧加以固定，角柱的顶端定位于相互垂直的两行边柱顶端连线的交点。

（2）拉设周线和干线，组成铅丝网格

将葡萄园四周的边柱连同角柱的顶端，用双股的直径 3.251～4.064mm 的铅丝或钢丝相互连接，拉紧并固定，形成牢固的周线。相对的边柱之间，包括东西向和南北向的边柱之间，用直径 4.064mm 的铅丝拉紧，形成干线。在架柱之间铅丝形成的方格上空，再用直径 1.829～2.642mm（12～15 号）的铅丝拉设支线，纵横固定成宽 30～60cm 的小方格，形成铅丝网格。

（3）中柱的设立

在拉设好干线，初步形成铅丝网格后，在干线的交叉点将中柱直立埋入土中，底下垫一块砖，深 20～30cm。中柱的顶端预留约 5cm 长的钢筋或设有"十"字形浅沟，交叉的干线正好嵌入其中，再以铅丝固定，注意保持中柱顶端距地面的高度并处于垂直状态。

三、葡萄树整形修剪

葡萄树的整形修剪是葡萄树栽培中的一项重要技术措施，葡萄树在自然状态下或放任不管的条件下，枝蔓随意生长、结果少、品质差、经济效益低，只有通过人工整枝造型，才能使枝蔓合理布满架面，充分利用阳光和生长空间，实现立体结果。通过整形修剪，培养合适的树形，使树体有良好的叶幕层、最大的有效叶面积、良好的光照条件，从而使葡萄树不仅高产，而且能持续稳产、优质。

（一）修剪依据

1. 葡萄园的立地条件

立地条件不同，生长和结果的表现也不一样。在土质瘠薄的山地、丘陵或河、海沙滩地，因土层较薄、土质较差、肥力较低，葡萄枝蔓的年生长量普遍偏小，长势普遍偏弱，枝蔓数量也少。这些葡萄园，除应加强肥水综合管理外，修剪时应注意少疏多截，修剪可适当偏重，产量也不宜过高。在土层较厚、土质肥沃、地势平坦、肥水充足的葡萄园，枝蔓的年生长量大，数量多，长势旺，发育健壮，修剪时可适当多疏枝，少短截，修剪宜适当轻些。

2. 栽植方式和密度

架式和栽植密度不同，修剪方法也不一样。棚架栽植，定干宜高；篱架栽植，定干宜低；冬季严寒，需下架埋土防寒地区的葡萄树，为埋土方便，可以不留主干；为获得早期丰产，初期栽植密度宜大，枝蔓留量宜多，郁闭时再进行移栽或间伐。

3. 管理水平

管理水平不高、肥水供应不足、树体长势不旺、枝蔓数量不多的葡萄园，整形修剪的增产作用是很难发挥的。这类葡萄园，如为追求高产，轻剪长放，留枝蔓、果穗，就会进一步削弱树势，造成树体早衰、减少结果年限。如管理水平较高，树体长势健壮，枝蔓数量充足，则修剪的调节和增产作用可以得到充分的发挥，从而实现连年优质、丰产。

4. 品种特性

葡萄的种群和品种不同，结果的早晚以及对修剪的反应是不一样的。因此，修剪时，应根据不同种群、品种的生长结果习性，以及不同架式，采取不同的修剪方式，不能千篇一律，以便获得理想的修剪效果。

5. 树龄和树势

树龄不同，枝蔓的长势也不同。幼龄至初果期，一般长势偏旺；进入盛果期后，长势逐渐由旺转为中庸；进入衰老期后，长势日渐变弱。修剪时应根据这一变化规律，对幼树和初果期树适当轻剪，多留枝蔓，促进快长、及早结果；对盛果期树，修剪宜适当加重，维持优质、稳产；对衰老树，宜适当重剪，更新复壮。

6. 修剪反应

葡萄的种群、品种和架式不同，对修剪的反应也不一样。判断修剪反应，可从局部和整体2个方面考虑。局部反应是根据疏、截或其他修剪方法，对局部枝蔓的抽生状况和花芽形成情况等进行判断；对整体的判断，则是根据树体的总生长量、新生枝蔓的年生长量、枝蔓充实程度、果穗的数量和质量以及果粒的大小等进行判断。各种修剪方法运用是否得当，修剪的轻重程度是否适宜，可以通过葡萄树对各种修剪方法的具体反应加以判断和改进。

（二）树形

1. 无主干篱壁形

北方地区应用较多的是无主干篱壁形，对于需要埋土越冬的北方地区来说，这是一种合理的树形。沿行向设置 3～5 道固定在水泥柱上的铅丝，将侧蔓或结果母蔓水平或倾斜固定在铅丝上，新梢则斜向上牵引到架面上，形成篱壁形叶幕。

2. Y 形

这是南方地区葡萄园，特别是避雨设施内采用的一种树形。主蔓或结果母蔓沿第 1 道铅丝水平牵引，新梢则左右交互向两侧牵引，形成 60°左右夹角的 Y 形叶幕。这种树形接受光照均匀，果粒上色好、含糖量高。

3. T 形

在我国南方多雨地区可应用。在 150～170cm 高的水泥柱顶端加横梁，呈 T 形，在横梁上拉 5 道铅丝，中间的铅丝用于固定主蔓，两侧的各 2 道铅丝则用于新梢的牵引和隧道式避雨棚的固定。新梢横向两侧水平牵引，并自然向下垂吊，形成"巾"字形叶幕。新梢生长缓慢，适合于超短梢修剪。

4. H 形

适用于短梢修剪的棚架树形，在露地和设施内均有应用。1 个主干、4 条主蔓呈 H 形，主蔓间距 2～2.5m，主蔓长 5～7m，株行距（10～14）m×5m，亩栽 12 株，结果母枝间距 20～25cm，结果母枝留 1 个芽或 2 个芽，每亩留结果枝 960～1 680 个。葡萄 H 形树形整形操作非常简单，一般 2 年就能成形，长势好、肥水足的情况下当年就能成形。一般 5～6m 宽的大棚在棚中间定植 1 行葡萄苗。定植株距根据品种特性灵活掌握，生长势旺的品种株距为 10～14m，生长弱的品种株距为 8m 左右。为提早获得产量，可以适当密植，将株距设为 1～3m，第 2 年结果后隔株去株，第 3 年结果后再隔株去株，最终使株距达到预定目标。

5. X 形

这是适合水平棚架长梢修剪的一种树形，在我国江苏镇江等地巨峰系葡萄栽培上应用较广。在生长旺盛、树势难以平衡的品种上应用效果较好，修剪宜用长梢修剪。该树形从地面单干直上，距棚面 130～150cm 处开始分二叉，每叉伸展距中心 200cm，再各分 2 个主枝，共 4 个主枝，俯视呈 X 形。每主枝上再适度选留侧枝 2～4 个，侧枝上再适度选配结果母枝，新梢则水平牵引至棚面绑缚。各主枝按其形成的早迟所占架面面积不同。一般第一主枝占有架面约 36%，第四主枝最后形成，仅占架面的 16%，其余两大主枝各占约 24%。该树形栽培密度较小，每公顷 45～60 株。

X 形树形对整形技术要求较高，容易出现主从不明、树形紊乱的情况，且修剪比较灵活，不易操作管理。但成形后树势中庸，冠内光照条件好，产量稳定，果实含糖量高，上色好。在生长季多雨潮湿的南方地区应积极推广。

（三）几种主要树形的整形

1. 无主干篱壁形树整形

定植时，根据枝条粗细，每株留 3～5 个芽短截，在定植后第 1 年，从地面附近可培养出 3～4 个新梢作为预备主蔓，副梢留 2～3 片叶连续摘心。秋季落叶后，将其中较粗的 1～2 个一年生枝留 50～80cm 短截，而较细的 1～2 个留 2～3 个芽进行短截。到了第 2 年，上一年长留的一年生枝，当年可抽出几个新梢，秋季落叶后，选留其中顶端粗壮的一年生枝作为延长蔓进行长梢修剪，其余的留 2～3 个芽短截，以培养枝组，从而形成 1～2 个主蔓。而上一年短截的枝条，到第 2 年可以长出 1～2 个较长的新梢，秋季落叶时选其中一个较为粗壮的作为第二或第三主蔓培养，对其进行长梢修剪，进入第 3 年后，按上述原则培养形成第二或第三主蔓，而第 2 年形成的主蔓在第 3 年继续向上延伸到规定的高度标准即可。第一主蔓达到 3～4 个枝组时，树形基本完成。由此可看出该树形整形需 3～4 年。实际生产中，通过夏季摘心和对副梢的利用，也可使整形年限适当缩短。

2. Y 形树整形

定植当年，嫁接口上留 2～3 个芽短截。对于扦插苗，定植后则在苗干中上部饱满芽处短截。发芽后留一个生长势最强的新梢，立毛竹竿等作支柱，垂直牵引，其余则抹除。所有副梢均留 1～2 片叶连续摘心。8 月中下旬，主梢摘心促进新梢老熟。如采用双臂 Y 形整枝，在苗木生长势强旺时，可在嫁接口上 70～80cm 处选留一个强旺副梢培养成另一个主蔓，同样，8 月中下旬摘心促进老熟。第 2 年将所培养的主蔓水平牵引至 80cm 高度固定。发芽后，以10cm 左右的间距选留新梢，左右交互斜向上牵引，呈 V 形。采用短梢修剪时，必须采用双枝更新等方式每年进行结果母枝的更新，防止新梢发生部位远离主蔓。对成花比较容易的品种，可进行超短枝修剪，可省去更新结果母枝之劳。Y 形树还要注意及时更新主蔓，在主干上部或主蔓后部培养、选择强壮的新梢，冬季修剪时牵引至水平，培养成新的主蔓。

3. T 形树整形

定植发芽后，选留 1 个新梢，立支架垂直牵引，预设架面高度 1.8m 的，抹除高度 1.5m 以下的所有副梢，待新梢高度超过 1.8m 时，摘心；预设架面高度 2.0m 的，抹除高度 1.7m 以下的所有副梢，待新梢高度超过 1.8m 时，摘心。从摘心口下所抽生的副梢中选择 2 个副梢相向水平牵引，培育成主蔓。从主干上部选留的 2 个一级副梢水平牵引后培养成主蔓，主蔓保持不摘心的状态持续生长，直至与邻行的主蔓接头后再摘心。主蔓叶腋长出的二级副梢一律留 3～4 片叶摘心。此次摘心非常重要，可以促使摘心点后叶腋的芽发育充分，形成花芽，供第2年结果。同时此次摘心还可以避免二级副梢生长造成的养分过度消耗，促进主蔓快速生长，并保证主蔓叶腋间均能发出二级副梢，使主蔓的每一节在定植当年都能培养出结果母枝，为定植第2年夺取丰产期产量奠定基础。二级副梢摘心留下的3~4片叶的叶腋间基本均可萌发出三级副梢，抹除基部2~3个三级副梢，只留第1个芽所发的三级副梢生长，适时绑缚牵引，使其与主蔓垂直生长，形成结果母枝。结果母枝长度达到1m后留0.8~1m摘心，摘心后所发四级副梢一律抹除。只要肥水充足，基本可以保证定植当年每米主蔓形成9~10个结果母枝（三级副梢），因此促使主蔓（二级副梢）快速延伸和主蔓的每一节叶腋处都能发出结果母枝（三级副梢）的关键措施是充足的肥水供给。

12月至翌年2月上旬前完成结果母枝的修剪，结果母枝一律留1~2个芽短截（超短梢修剪）。对成花节位高的品种，则采用长梢修剪与更新枝修剪相结合的方式。即长留一个母枝（5~8个芽）时，在其基部超短梢修剪一个母枝作预备枝。定植第2年从超短梢修剪的结果母枝上发出的新梢（结果枝），每20cm左右选留1个新梢，与主蔓垂直牵引、绑缚。定植第2年每个新梢一般会着生1~2个花穗，按照平均每个新梢留1个花穗的原则，疏除过多花穗。

4. H形树整形

春季葡萄苗定植后，采取薄肥勤施的方法促进苗木迅速生长，在此过程中除保留前端3~4个一次夏芽副梢外，及时除去其他一次夏芽副梢，以促进主干生长，为H形树整形修剪奠定基础。当苗木主干生长到达水平棚架架面上时，留靠近架面的2个一次夏芽副梢并将主干摘心，以促进所留一次夏芽副梢生长，并以"一"字形将2个一次夏芽副梢绑扎于架面上。在此过程中除保留一次夏芽副梢上前端的3~4个二次夏芽副梢外，及时除去其他二次夏芽副梢，以促进一次夏芽副梢生长。当2个一次夏芽副梢生长达到1.2~1.5m时（依品种长势而异），各留靠近一次夏芽副梢前端的2个二次夏芽副梢，并将一次夏芽副梢摘心，以促进所留二次夏芽副梢生长，并按与一次夏芽副梢生长方向垂直的方向以"一"字形将2个二次夏芽副梢绑扎于架面上。在此过程中除保留二次夏芽副梢上前端的3~4个三次夏芽副梢外，及时除去其他三次夏芽副梢，以促进二次夏芽副梢生长。通过上述3个步骤，H形已成，至冬季修剪时，根据品种的成花习性，确定二次夏芽副梢的剪留长度与直径，作为结果母蔓保留，为翌年丰产提供保障。第2年春季当结果母蔓冬芽萌发后，按与结果母蔓垂直的方向以"一"字形将结果枝绑扎于架面上。其他枝蔓、花果等管理同葡萄常规栽培技术。

第2年冬季根据品种特点，对当年的结果枝进行不同长度的修剪，作为翌年的结果母蔓保留，结果母蔓在架面上的绑扎方向与上一年冬季保留的结果母蔓同向。根据大棚棚体和水平网架的结构，葡萄树主干高度为1.8m，在水平网架上的2个一次夏芽副梢沿与栽植行垂直的方向"一"字形绑扎，每个一次夏芽副梢长度约为1.5m；4个二次夏芽副梢沿与栽植行平行的方向"一"字形绑扎，每个二次夏芽副梢长度为1.8～2m。

5. X形树整形

X形是适合水平棚架长梢修剪的一种树形，在日本山梨、长野和我国江苏镇江等地巨峰系葡萄的栽培上应用较广。在生长旺盛、树势难以平衡的四倍体上应用效果较好，宜用长梢修剪。

定植后第1年，发芽后在苗木上部选留长势旺盛的一个新梢垂直牵引、绑缚到立柱上，新梢上所发副梢留2～3片叶摘心，但在130～150cm范围内的副梢，可选择方位合适、生长势强的副梢斜向上牵引。新梢延伸至180cm以上时，在选留强旺副梢的位置上，将副梢上部牵引至水平状态，作为第一主枝预备枝，同时，选留同样高度的健壮新梢向相反方向牵引，作为第2主枝预备枝。对牵引至水平的2个主枝上的副梢，原则上留2～3片叶摘心，但如果生长势强旺，可在距主枝基部200cm的位置选留一个强旺副梢，作为第三、第四主枝预备枝培养。8月下旬至9月上旬，所有主、副梢都要摘除梢端3～4cm幼嫩部位，以促进主、副梢的充实和成熟。落叶后至12月末以前，所有成熟良好的主、副梢留2/3的长度短截。如果选出的第三、第四主枝预备枝过弱，则可留2～3个芽短截。

定植后第2年，对第一、第二主枝预备枝要通过刻伤、降低主枝前部高度等方法，尽量促使芽萌发，增加叶面积。在第一、第二主枝生长势差异大时，第一主枝可以适当挂果，以分散势力。在第一、第二主枝先端选择生长健壮的新梢作为主枝延长枝，促使树冠继续扩大。新梢上所发的副梢，视周围新梢密度可释放培养成结果母枝，其余副梢留2～3片叶摘心。如果上一年第三、第四主枝预备枝没有选出或选出的第三、第四主枝预备枝不符合要求时，在距第一、第二主枝基部200cm位置所萌发的新梢中选择方位合适、生长势强旺的斜向上牵引，作为第三、第四主枝预备枝培养。对第三、第四主枝预备枝上所发副梢留2～3片叶摘心，以促进主枝预备枝的健壮生长。在第一、第二主枝基部向上200cm附近的位置弯曲主枝，分别与第三、第四主枝成100°～110°角向前延伸。强旺的新梢和副梢在8月下旬、中庸新梢和副梢在9月中下旬摘心，促进充实、成熟。冬季修剪在12月中旬前完成，健壮强旺新梢留20～30个芽剪截，中庸新梢留10～15个芽剪截，2～3个芽的副梢也可不进行剪截。

定植第3年，重点培养第三、第四主枝，继续培养第一、第二主枝，对第三、第四主枝，要通过刻伤、降低主枝前部高度等方法，尽量促使芽萌发，增加叶面积。在第三、第四主枝先端所发新梢中选择健壮者作为主枝延长枝，促使树冠继续扩大。新梢上所发的副梢，视周围新梢密度可适当培养成结果母枝，其余副梢留2～3片叶摘心。第一、第二主枝的新梢管理同第2年，同时通过挂果来平衡各主枝间的势力。挂果量视新梢生长势而定，强旺新梢留2个穗、中庸新梢留1个穗、弱小新梢全部疏除。冬季修剪同第2年，避免过重修剪，尽量多留芽、多发枝，保持地上部和地下部、主枝间的势力平衡。经过3～4年后，整形基本完成。定植6年以后，侧枝、结果枝组基部已经很粗，占有空间相当大，侧枝间、枝组间重叠严重，生长、结实性变弱，要及时疏除更新。

（四）修剪

1. 冬季修剪

冬季修剪是指秋末冬初落叶后至发芽前这段时间所进行的修剪。

（1）修剪时期

冬季修剪不会显著影响树内贮藏营养，也不会影响葡萄树的生长和结果。在北方埋土越冬地区，冬季修剪在落叶后必须抓紧时间及早进行；不埋土越冬地区，冬季修剪可在落叶3～4周后至伤流前进行，此时树体进入深休眠期。

（2）修剪方法

短截，是指将一年生枝剪去一段留下一段的剪枝方法，是葡萄冬季修剪的主要手法，根据剪留长度的不同，分为极短梢修剪（留1个芽或仅留隐芽）、短梢修剪（留2～3个芽）、中梢修剪（留4～6个芽）、长梢修剪（留7～11个芽）和极长梢修剪（留12个芽以上）等修剪方式。根据花序着生的部位确定选取什么样的修剪方式，这与品种特性、立地条件、树龄、整形方式、枝条发育状况及芽的饱满程度有关，一般情况下，对花序着生部位在第1至第3节、结果枝率70%以上品种采取中梢修剪，如醉金香；对花序着生部位在第4节以上、结果枝率50%左右品种采取中梢修剪，翌年营养枝短梢修剪，如无核白鸡心；对花序着生部位不确定的品种，采取中长梢修剪，如美人指。欧美杂交种对剪口直径要求不严格，欧亚种剪口直径则以大于0.8cm为好，如红地球、无核白鸡心等。

疏剪，把整个枝蔓（包括一年和多年生枝蔓）从基部剪除的修剪方法。疏剪可以疏去过密枝，改善光照和营养物质的分配；疏去老弱枝，留下新壮枝，以保持生长优势；疏去过强的徒长枝，留下中庸健壮枝，以均衡树势；疏除病虫枝，防止病虫危害和蔓延。

缩剪，是把二年生以上的枝蔓剪去一段留一段的剪枝方法。缩剪可以转变生长势，剪去前一段老枝，留下后面新枝，使其处于优势部位；防止结果部位的扩大和外移；具有疏除密枝，改善光照的作用，缩剪大枝还有均衡树势的作用。

以上 3 种修剪方法，以短截法应用最多。

枝蔓的更新包括以下 2 种：

①结果母枝更新。结果母枝更新的目的在于避免结果部位逐年上升外移和造成下部光秃，修剪手法有：

a. 双枝更新。结果母枝按所需要长度剪截，将其下面邻近的成熟新梢留 2 个芽短剪，作为预备枝。预备枝在翌年冬季修剪时，上一枝留作新的结果母枝，下一枝再进行极短截，使其形成新的预备枝。原结果母枝于当年冬剪时被回缩掉，以后逐年采用这种方法依次进行。双枝更新要注意预备枝和结果母枝的选留，结果母枝一定要选留那些发育健壮充实的枝条，而预备枝应处于结果母枝下部，以免结果部位外移。

b. 单枝更新。冬季修剪时不留预备枝，只留结果母枝。翌年萌芽后，选择下部良好的新梢，培养为结果母枝，冬季修剪时仅留枝条的下部，单枝更新的母枝剪留不能过长，一般应采取短梢修剪，不使结果部位外移。

②多年生枝蔓的更新。经过年年修剪，多年生枝蔓上的"疙瘩""伤疤"增多，影响输导组织的畅通。另外对于过分轻剪的葡萄园，下部出现光秃，结果部位外移，造成新梢细弱，果穗果粒变小，产量及品质下降。遇到这种情况就需对一些大的主蔓或侧枝进行更新。

a. 大更新。凡是从基部除去主蔓进行更新的称为大更新。在大更新以前，必须积极培养从地表发出的萌蘖或从主蔓基部发出的新枝，使其成为新蔓，当新蔓足以代替老蔓时，即可将老蔓除去。

b. 小更新。对侧蔓的更新称为小更新。一般在肥水管理差的情况下，侧蔓 4～5 年需要更新 1 次，一般采用回缩修剪的方法。

（3）单位面积产量与冬剪留芽量

在树形结构相对稳定的情况下，每年冬季修剪的主要对象是一年生枝。修剪的主要工作就是疏掉一部分枝条和短截一部分枝条。单株或单位土地面积在冬剪后保留的芽眼数被称为单株芽眼负载量或单位土地面积芽眼负载量。适宜的芽眼负载量是保证翌年适量的新梢数和花序、果穗数的基础。冬剪留芽量的多少主要决定因素是产量的控制标准。

以温带半湿润区为例，要保证良好的葡萄品质，每亩产量应控制在 1 500kg 以下。巨峰品种冬季留芽量，一般留 6 000 个芽/亩，即每 4 个芽保留 1kg 果；红地球等不易形成花芽的品种，亩留芽量要增加 30%。南方亚热带湿润区，年日照时数少，亩产应控制在 1 000kg 或以下，但葡萄形成花芽也相对差些，通常每 5～7 个芽保留 1kg 果，因此，冬剪留芽量不仅需要看产量指标，还要看生态环境、品种及管理水平。

2. 夏季修剪

夏季修剪，是指萌芽后至落叶前的整个生长期内所进行的修剪。夏季修剪的任务是调节树体养分分配，确定合理的新梢负载量与果穗负载量，使养分能充足供应果实；调控新梢生长，维持合理的叶幕结构，保证通风透光；平衡营养生长与生殖生长，既能促进开花坐果，提高果实的质量和产量，又能培育充实健壮、花芽分化良好的枝蔓；便于田间管理与病虫害防治。

（1）抹芽、疏梢与绑缚

抹芽和疏梢是葡萄树夏季修剪的首要工作，根据葡萄树萌芽能力、抽枝能力、长势强弱、叶片大小等进行。春季萌芽后，新梢长至 3～4cm 时，每 3～5d 分批抹去多余的双芽、三生芽、弱芽和面地芽等；当新梢生长至 10cm 时，基本已显现花序时或 5 叶 1 心期后陆续抹除多余的枝，如过密枝、细弱枝、面地枝和外围无花枝等；当新梢长至 40cm 左右时，根据栽培架式，保留结果母枝上由主芽萌发的带有花序的健壮新梢，而将副芽萌生的新梢除去，在主干附近或结果枝组基部保留一定比例的营养枝，以培养第 2 年结果母枝，同时保证光照。北方地区，在土壤贫瘠条件下或生长势弱的品种，亩留梢量以 4 000～6 000 个为宜；反之，生长势强旺、叶片较大及大穗型品种或在土壤肥沃、肥水充足的条件下，每个新梢需要较大的生长空间，亩留梢量以 3 000～4 000 个为宜。定梢结束后及时进行绑蔓，使得葡萄架面枝梢分布均匀、通风透光良好、叶果比适当。

（2）摘心

①主梢摘心。为促进坐果，多在花前 1～3d 对主梢进行摘心；对个别强旺新梢，为促其坐果，可将摘心时间提前至花前 7～15d；对个别坐果极紧的品种，如红地球和黄意大利等，需在花后摘心，以达到使部分果粒脱落减少疏粒工作量的目的。

②副梢摘心。

a. 反复摘心法。花前主梢摘心后，花序以下副梢抹除，保留花序以上副梢，留 1～3 片叶反复摘心控制。主梢摘心口下面的先端 1～2 个副梢留 3～4 片叶反复摘心控制。

通常在花前主梢摘心时便可看到新梢基部数节的夏芽已经萌动，应及早抹除。此法在葡萄树幼龄阶段架面新梢量不足时，有利于增加副梢量，有利于主梢各节花芽分化。其缺点是夏季修剪用工量过大。

b. "一条龙"夏剪法。花前主梢摘心后，随时抹除主梢上的夏芽副梢，只保留先端一个夏芽副梢，先端夏芽一次副梢延长 5～6 节后，对一次延长副梢进行摘心，仍抹除所有二次夏芽副梢，只留先端一个二次夏芽副梢。到立秋后

（8月上旬），应抹除所有幼嫩副梢、幼叶。此法对多数品种均适用，但对于红地球、夏黑等强控易引起先端冬芽"爆破"的品种不宜采用，或只对中弱新梢应用。旺枝可以改用"二条龙""三条龙"夏剪法，即留先端2～3个副梢延长。

c. 憋冬芽夏剪法。花前主梢轻摘心后，对所有主梢两侧夏芽副梢分2次全部抹除。约在主梢摘心后半个月，直立生长的新梢顶端冬芽发育完全并萌发。一般壮旺梢顶端2～4个冬芽"爆破"，中庸梢顶端1～2个冬芽"爆破"。此法对巨峰、玫瑰香强旺结果新梢的坐果以及对防止大小果有明显的效果，在天津滨海盐碱地篱架玫瑰香葡萄上被应用。

d. 副梢"绝后"夏剪法。花前主梢摘心后，抹除花序以下的所有副梢。花序以上副梢均留1～2片叶摘心，并同时用指甲抠掉一次副梢叶腋萌发的夏芽、冬芽。这样除保留一次副梢叶外，其他可能要萌发的夏芽、冬芽全被抠掉。该方法被广泛用于生长期相对较短的河北张家口牛奶葡萄上。

e. 免摘心夏剪法。在棚架面上，新梢多处于水平生长或水平生长先端略下垂状态，新梢先端优势与顶端优势均受到一定抑制。本着简化夏季修剪、省工栽培的原则，提出如下简化修剪方法供参考。

花前主梢不摘心，花后副梢也不摘心，即免摘心夏剪。较适合该法的品种、架式及栽培区：棚架、T形架、Y形架栽培的酿酒、制汁品种；对夏剪反应不敏感（不摘心也不会引起严重落花落果、不会产生大小果）的品种、新疆南疆产区（气候干热）生长势中等偏弱的鲜食品种；通过枝展调控、肥水调控及限根等措施，树势达到中庸的葡萄园；同一葡萄园中生长势中庸或偏弱的新梢可考虑免摘心夏剪，而少数生长势强旺的新梢仍需在花前提前进行主梢摘心或采取其他抑制新梢的办法。

（3）环剥

环剥的作用是在短期内阻止上部叶片合成的碳水化合物向下输送，使养分在环剥口以上的部位贮藏。环剥有多种生理效应，如花前1周进行能提高坐果率，花后幼果迅速膨大期进行增大果粒。软熟着色期进行使果实成熟期提前等。环剥因部位不同可分为主干环剥、结果枝环剥、结果母枝环剥，环剥宽度一般为3～5mm，不伤木质部。

（4）除卷须、摘老叶

卷须是葡萄借以附着攀缘的器官，在生产栽培条件下卷须对葡萄生长发育作用不大，反而会消耗营养，缠绕给枝蔓管理带来不便，应该及时剪除。葡萄叶片生长呈缓慢到快速再到缓慢的过程，即呈S形曲线生长。葡萄成熟前为促进上色，可将果穗附近的2～3片老叶摘除，以利光照，但长势弱的则不宜摘叶。

第六章

葡萄花果管理技术

大多数葡萄品种极易成花、花序较大、坐果率高，如果放任不管，容易结果过多，超过植株负载量，导致大小年结果现象发生，造成果实品质下降、树体早衰、经济寿命缩短。必须从花序管理入手，严加调控，控产提质，才能实现连年丰产优质。

一、花穗管理

（一）花穗整形的主要作用

1. 控制葡萄果穗大小，利于果穗标准化

一般葡萄花穗有 1 000～1 500 朵小花，正常生产只需 50～100 朵小花结果，通过花穗整形，可以控制果穗大小，符合标准化栽培的要求。例如日本商品果穗要求每穗 450～500g，我国很多地方要求藤稔每穗 1 000g。

2. 提高坐果率，增大果粒

花穗整形有利于花期营养集中，提高保留花朵的坐果率，有利于增大果实。

3. 调节花期一致性

花穗整形可使开花期相对一致，对于无核化或膨大处理，有利于掌握处理时间，提高无核率。

4. 调节果穗形状

通过花穗整形，可按人为要求调节果穗形状，形成不同形状的果穗，如利用副穗，疏除主穗大部分，形成情侣果穗。

5. 减少疏果工作量

葡萄花穗整形，疏除小穗，操作比较容易，一般疏花穗后疏果量较少或不需要疏果。

（二）无核化栽培的花穗整形

1. 花穗整形的时期

开花前 1 周至初开花为最适宜整形的时期。

2. 花穗整形的方法

巨峰系品种如巨峰、藤稔、夏黑、先锋、翠峰、巨玫瑰、醉金香、信浓笑、红富士等一般留穗尖 3～3.5cm、8～10 个小穗、50～55 个花蕾。

二倍体品种（包括三倍体品种），如魏可、红高、白罗莎里奥等一般留穗尖 4～5cm。幼树、促成栽培的、坐果不稳定的适当轻剪穗尖（去除 5 个花蕾左右）。

（三）有核栽培的花穗整形

巨峰、白罗莎里奥、美人指等品种有核栽培的花穗管理差异较大，四倍体巨峰系品种总体结实性较差，不进行花穗整形容易出现果穗不齐现象。二倍体品种坐果率高，但容易出现穗大、粒小、含糖量低、成熟不一致等现象。

1. 巨峰系品种

巨峰系品种要求成熟果穗呈圆球形（或圆筒形），每穗 400～500g。

（1）花穗整形的时期

一般在小穗分离、小穗间可以放入手指的时期，大概开花前 1～2 周至花盛开。过早则不易区分保留部分，过迟则影响坐果。栽培面积较大的情况下，先去除副穗和上部部分小穗，保留所需的花穗。

（2）花穗整形的方法

副穗及以下第 8 至第 10 个小穗去除，保留第 15 至第 17 个小穗，去穗尖。花穗很大（花芽分化良好）的情况下保留下部第 15 至第 17 个小穗，开花前进行整形的花穗，保留长度以 5cm 左右为宜。

2. 二倍体品种

（1）花穗整形的时期

花穗上部小穗的花蕾和副穗花蕾始花至盛开时，这段时间适宜进行花穗整形。

（2）花穗整形的方法

为了增大果实用赤霉素处理的，可保留花穗下部 16～18 个小穗（开花时 6～7cm），穗尖基本不去除（或去除几个花蕾至 5mm）。

常规栽培（不用 GA_3），花穗留先端 18～20 段，8～10cm，穗尖去除 1cm。

（四）花期喷硼

硼主要分布在生命活动旺盛的组织和器官中，当葡萄缺硼时，往往幼叶会出现油渍状的黄白色斑点，叶脉木栓化变褐，老叶发黄向后弯曲，花序发育瘦小，豆粒现象严重，种子发育不良，果粒变弯曲。

通常葡萄果实产生大小粒现象，原因除开花授粉时受环境条件的影响而使授粉不良外，还有树体缺硼。葡萄树一般花期需要硼较多，硼能促进碳水化合物运转，刺激花粉粒的萌发，有利于授粉受精过程顺利进行。硼还有利于芳香物质的合成，能提高果实中维生素和碳水化合物的含量，改善果实品质。

硼还能提高光合作用的强度，增加叶绿素含量，促进光合产物的运转，加速形成层的细胞分离，促进新梢韧皮部和木质部生长，使导管增多，加速枝条成熟。

因此，在生产上可采取花期叶面喷硼的措施。一般于花前一周、花期和花后分别叶面喷施一次浓度为 $0.1\%\sim0.2\%$ 的硼砂或硼酸溶液，可以明显提高葡萄坐果率。叶面追肥最好在傍晚、阴天或清晨进行，以保证肥料在叶面有足够的有效湿润时间。

（五）花期主、副梢处理

葡萄从第 1 朵花开放开始至终花为止为开花期。花期是葡萄生长中的重要阶段，对水分、养分和气候条件的反应都很敏感，是决定当年产量的关键时期。

葡萄的花期长短、开花的早晚，因品种、年份、管理技术、栽培环境的不同而不同。花期一般为 $5\sim14d$，欧美杂种开花较早，欧亚种开花较晚，相差 $7\sim10d$。葡萄花蕾多集中在 7—11 时开放，盛花期后 9d 左右为落果高峰。冷凉的天气，开花晚，延续时间长；气温高而稳定时，开花早，延续时间短。不利的环境条件和缺素症等会引起闭花受精，大风、阴雨天气对授粉受精不利。因此花期气候直接影响坐果率的高低。如果花期气候条件较差、葡萄树势衰弱、营养不足或枝叶徒长、架面通风不良等，也会造成大量落花落果，白牛奶、巨峰等品种落花落果较重。为了减少落花落果，在加强花前肥水管理的同时，应适当定枝摘心，控制主、副梢的生长，及时引绑枝蔓，改善架面光照条件，以提高坐果率和促进幼果生长。对授粉不良的品种，还要采取人工辅助授粉或蜜蜂传粉等措施，以达到高产和提高品质的目的。

葡萄结果蔓在开花前后生长迅速，会消耗大量营养，影响花器的进一步分化和花蕾的生长，加剧落花落果。通过摘心暂时抑制顶端生长而促进养分较多地进入花序，从而促进花序发育，提高坐果率。对营养蔓和主、侧蔓延长蔓进行摘心，可以控制生长长度，促进花芽分化，增加枝蔓粗度，加速木质化。

1. 结果蔓摘心

根据摘心的作用和目的，结果蔓摘心较适宜的时间是开花前 $3\sim5d$ 或初花期，摘去小于正常叶片 1/3 大小的幼叶及上面的新梢。也可以进行 2 次摘心，第 1 次于花前 10d 左右在花序前留 2 片叶摘心，对促进花序发育、花器官完善和充实具有明显作用；第 2 次于初花期对前端副梢进行控制，留 1 片叶或全部抹除，使营养生长暂时停止，把养分集中供给花序坐果，对提高坐果率具有明显效果。

在花前摘心时，巨峰葡萄结果新梢摘心操作标准如下：强壮新梢在第一花序以上留 5 片叶摘心，中庸新梢留 4 片叶摘心，细弱新梢疏除花序以后，暂时不摘心，可按营养新梢标准摘心。但是，并不是所有葡萄品种结果新梢都需在开花前摘心，坐果率很高的品种，如黑汗、康太等，花前可以不摘心；坐果率尚好、通常果穗紧凑的品种，如藤稔、金星无核、红地球、秋红、无核白鸡心等，花前可不摘心或轻摘心。

2. 营养蔓摘心

没有花序的蔓称为营养蔓。不同地区气候条件各异，摘心标准也不同。生长期少于 150d 的地区，8～10 片叶时即可摘去嫩尖 1～2 片小叶。生长期 150～180d 的地区，15 片叶左右时摘去嫩尖 1～2 片小叶；如果营养梢生长势较强，单以主梢摘心难以控制生长时，可提前摘心培养副梢结果母枝。生长期大于 180d 的地区，可视情况采用下列几种摘心方法：

（1）生长期长的干旱少雨地区，主梢在架面有较大空间的，营养蔓可适当长留，待生长到 20 片叶时摘心；如果主梢生长空间小，营养蔓可短留，生长到 15～17 片叶时摘心；如果营养蔓生长势很强，也可提前摘心培养副梢结果母枝。

（2）生长期长的多雨地区，主梢生长纤细的于 8～10 片叶时摘心，以促进主梢加粗；主梢生长势中庸健壮的于 80～100cm 时摘心；主梢生长势很强，可采用培养副梢结果母枝的方法分次摘心。第一次于主梢 8～10 片叶时留 5～6 片叶摘心，促使副梢萌发，当顶端的一次副梢长出 7～8 片叶时摘心，以后产生的二次副梢，只保留顶端的 1 个副梢于 4～5 片叶时留 3～4 片叶摘心，其余的二次副梢从基部抹除，以后再发生的三次副梢依此处理。

3. 主、侧蔓上的延长蔓摘心

用于扩大树冠的主、侧蔓上的延长蔓，摘心标准为：

（1）延长蔓生长较弱的，最好选下部较强壮的主梢换头，对非用它领头不可的，于 10～12 片叶时摘心，促进加粗生长。

（2）延长蔓生长中庸健壮的，可根据当年预计的冬季修剪剪留长度和生长期的长短适当推迟摘心时间。

（3）延长蔓生长强旺的，可提前摘心，分散营养，避免徒长。摘心后发出的副梢，选最顶端 1 个副梢作延长蔓继续延伸，按中庸枝处理，其余副梢作结果母枝培养。

4. 副梢的利用与处理

正确处理副梢可以提高当年的坐果率、果实品质和翌年的花芽分化质量。现在生产上很多副梢处理不及时，造成养分浪费，架面荫蔽，光照不足，坐果率低，滋生病虫。

（1）结果枝上的副梢处理

结果枝上的副梢有 2 个作用：一是可以补充结果蔓上叶片的不足，二是利用其结二次果，除此之外，其余副梢必须及时处理，以减少树体营养的无效消耗，防止与果穗争夺养分和水分。一般采用 2 种方法处理。

①习惯法。顶端 1～2 个一次副梢摘心，其余的副梢不摘心。摘心后的副梢又萌发了二次、三次副梢，对这些二次、三次副梢留 2～3 片叶反复摘心。此方法适于幼龄结果树，多留副梢叶片，既保证初结果期丰产，又促进树冠不断扩大和树体丰满。

②省工法。顶端 1～2 个副梢留 4～6 片叶摘心，其余副梢从基部抹除，顶端产生的二次、三次副梢，始终只保留顶端 1 个副梢留 2～3 片叶反复摘心，其他二次、三次副梢从基部抹除。此方法适用于成龄结果树，少留副梢叶片减少叶幕层厚度，让架面能透进微光，使架下果穗和叶片能见光，减少黄叶，促进葡萄着色。

（2）营养蔓上的副梢处理

营养蔓上的副梢可被用来培养结果母枝、结二次果和压条繁殖。因此，可按结果枝上副梢处理的省工法进行处理。

（3）主、侧蔓上的延长蔓的副梢处理

主、侧蔓延长蔓上的副梢，除生长势很强旺的可培养副梢结果母枝外，一般都不留或尽量少留副梢，也不再利用副梢结果。所以，延长蔓的副梢通常都从基部抹除，延长蔓摘心后萌发的副梢，也只保留最顶端的 1 个副梢继续延长。

另外，副梢处理还应根据架面决定，一般顶部的一个副梢留 2～3 片叶后绝后处理。架面空间大、树势较弱的可以保留副梢适当延长。整个架面的枝条应保持在避雨棚外 30～50cm，枝条下垂，保证叶面积。

（六）花期控肥控水

葡萄开花期间对温、湿度的要求比较严格，温度太高，湿度过低，柱头产生的分泌物很快干燥，不利于授粉受精；湿度太高又会引起枝叶徒长，过多消耗树体营养，影响开花坐果，而且易发生花期病害。

花期气温较高，葡萄树生长旺盛，花期施肥、灌水会引起枝叶徒长，树体营养大部分供应新梢生长，而影响开花坐果，易出现大小粒和严重减产现象。

干旱地区要在开花前 15d 左右浇水以利于开花和坐果。一般从初花至谢花，10～15d，应停止施肥（尤其是氮肥）、供水、打药。但是当特别干旱、缺乏水分时，还是应适当调节土壤水分，适当补充水分。

另外，如果葡萄树开花期降水较多，要加强排水，清理沟渠，清除杂草，使地下水位保持较低的水平，保证开花期间雨停田间不积水。

二、果穗的管理

（一）疏果穗

1. 果实负载量的确定

葡萄单位面积的产量可以通过单位面积的果穗重乘以单位面积的果穗数求得，而果穗重可以通过果粒数乘以果粒重求得。因此，根据目标（计划）产量和品种特性就可以确定单位面积的留果穗数。品种的特性决定了该品种的粒重，可以依据市场对果穗要求的大小和所定的目标产量准确地确定单位面积的留果穗数。通常花前留花序的程度可以是目标产量的 2～3 倍。花后留果穗的程度可以是目标产量的 1.5～2 倍，最后达到 1.2 倍左右。目标产量过高，必将影响果粒的大小，从而降低品质。

根据单位面积的留穗数还可以确定单位面积的新梢数和至少需要的叶片数。以巨峰葡萄为例，每 1 000m² 适宜的产量为 1.6～2t，每 1 000m² 果穗数为 4 000～5 000 个，而负担 1 个果穗需要的叶片数为 30～40 片，新梢的叶片为 10～13 片，留 1 穗果，需要同时配备 3～4 个新梢。

2. 疏穗的时期

坐果后疏穗越早越好，可以减少养分的浪费以便集中养分供应果粒的生长。每个果穗的着生部位、新梢的生长情况、树势、环境条件等都对疏穗的时期有影响。疏穗在花后一般要进行 1～2 次，对于生长势较强的品种来说，花前疏穗可以适当轻一些，花后疏穗可以适当重一些。对于生长势较弱的品种来说，花前疏穗可以适当重一些。

3. 疏穗的原则

树体的负担能力与树龄、树势、地力、施肥量等有关，如果树体的负担能力较强，可以适当多留一些果穗，而弱树、幼树、老树等负担能力较弱的树体，应少留果穗。树体的目标产量则与品种特性和当地的综合生产水平有关，如果品种的丰产性能好，当地的栽培水平也较高，则可以适当多留果穗，反之，则应少留果穗。

4. 疏穗的方法

根据新梢的叶片数来决定果穗是否疏除，一般情况下可以将着粒过稀或过密的果穗先疏去，选留一些着粒适中的果穗。

巨峰、藤稔等巨峰系四倍体品种，花穗整理后的新梢 40cm 以上可留 2 个花穗，20～40cm 留 1 个花穗，20cm 以下不留花穗。白罗莎里奥与巨峰相比用生长势较强的枝条有利于果实增大，开花时新梢 100～120cm 较好，40cm 以下枝条不留花穗，40～100cm 留 1 个大花穗，100cm 以上的可留 2 个花穗。

鲜食品种一般新梢 100～150cm、10～15 片叶留 1～2 个花穗，150～200cm、15～20 片叶留 2 个花穗。疏穗一般疏去基部的，留新梢前端的花穗。

（二）疏果粒

疏果粒是将每一穗的果粒调整到一定数量的一项作业，其目的在于促使果粒大小均匀、整齐、美观，果穗松紧适中，防止落粒，便于贮运，以提高果实的商品价值。

1. 疏粒的时期

通常与疏穗一起进行，如果劳动力可以安排也可以分开进行，对大多数品种来说，在结实稳定后越早疏粒越好，增大果粒的效果也越明显。但对于树势过强且落花落果严重的品种，疏粒时期可适当推后。对有种子的果实来说，由于种子的存在对果粒大小影响较大，最好等落花后能区分出果粒是否含有种子时再疏果粒，比如巨峰、藤稔要求在盛花后 15～25d 完成这一项作业。

2. 疏粒的原则

果粒大小除受到品种特性的影响外，还受到开花前后子房细胞分裂和在果实生长过程中细胞膨大的影响。要使每一品种的果粒大小特性得到充分发挥，必须确保每一果粒的营养供应充足，也就是说果穗周围的叶片要充足。另外，果粒与果粒之间要留有适当的发展空间，这就要求栽培者必须根据品种特性适当疏果粒。每一穗的重量、果粒数以及平均果粒重都有一定的要求。巨峰葡萄如果每果粒重要求在 12g 左右，而每一穗果实重 300～350g，则每一穗的果粒数要求在 25～30 粒。在我国，目前还没有针对不同的品种制订出适合市场需求的果穗、果粒大小等具体指标。应该研究不同品种最适宜的果穗、果粒大小，使品种特性得以充分发挥，同时还要考虑果穗形状以便提高其贮运性。

3. 疏粒的方法

不同品种疏粒的方法有所不同，主要分为除去小穗梗和除去果粒 2 种方法，对于过密的果穗要适当除去部分支梗，以保证果粒生长的适当空间，每一支梗上选留的果粒数也不可过多，通常果穗上部可适当多一些，下部适当少一些，虽然每一个品种都有其适宜的疏粒方法，但只要掌握留支梗的数目和疏粒后的穗轴长短，一般不会出现太大问题。

三、 保花保果

（一）葡萄落花落果的原因

葡萄落花落果是正常的生理现象，主要是授粉、受精不良及发育不正常的花和果粒自然脱落。引起落花落果的原因主要有：

1. 生理缺陷

与品种本身特性有关。胚珠发育异常、雌蕊或雄蕊发育不健全以及部分花粉不育等，都会导致落花落果。

2. 气候异常

葡萄开花期要求有较适宜的气候条件，即白天温度在 20～28℃，最低气温在 14℃以上，空气相对湿度 65％左右，有较好的光照条件。开花期气候异常，如低温、降水、干旱等气候条件，均能导致落花落果。

3. 树体营养贮备不足

葡萄开花前树体所需要的营养物质，主要是由茎部和根部贮藏的养分供给。若上一年负载量过大或病虫害严重，造成枝条成熟不好或提早落叶，树体营养贮备不足，则新梢生长细弱，花序原始体分化不良、发育不健全，导致病虫害严重，花后落果严重。

4. 树体营养调节分配不当

葡萄树开花前至开花期营养生长与生殖生长共同进行，营养生长与生殖生长之间互相争夺养分，并且此期养分主要来源于树体贮藏的养分，如抹芽、定枝、摘心、副梢处理不及时，浪费大量树体营养，则花器官分化不良，导致授粉受精不良，造成大量落花落果。

（二）防止落花落果的方法

1. 控制产量，贮备营养

根据土壤肥力、管理水平、气候、品种等条件严格控制产量。鲜食品种产量控制在每亩 1 500～2 000kg；酿酒和制汁品种产量控制在每亩 1 300～1 500kg。保证果实、枝条正常充分成熟，花芽分化良好，使树体营养积累充足，完全能够满足翌年生长、开花、授粉受精等对养分的需求。

2. 增施有机肥，提高土壤肥力

增施有机肥，及时追肥。根据土壤肥力，秋施优质基肥每亩 5 000～8 000kg，并根据树体各时期对营养元素的需求，适时适量追肥。

3. 加强后期管理

葡萄采收后，叶片光合产物主要用于树体贮藏积累。因此，要加强后期管理，及时防治霜霉病、叶蝉等枝叶部病虫害，保证秋叶的旺盛光合作用，增加树体营养积累。

4. 控氮栽培

对于花期新梢生长旺盛易与花序、幼果争夺养分的品种，可以把开花前施用的氮肥改在落花后施用，抑制开花前树体对氮的吸收，降低开花前树体的含氮量，提高树体的碳氮比，减轻落花落果。

5. 花前摘心

在开花前对结果枝进行摘心、去副梢可以暂时抑制新梢的营养生长，促进养分充分向花穗转运，从而提高坐果率。摘心时间和摘心程度对坐果率的影响也很大。开花前 5~10d 摘心效果最佳。摘心过早，副梢萌发，反而消耗大量的养分，降低坐果率；摘心过晚，则失去摘心的作用，达不到提高坐果率的效果。摘心不宜过重，摘心处的叶片为正常叶片大小的 1/3。

6. 花期喷硼

在开花前 10d 和始花期各喷 1 次 0.1%~0.3% 的硼酸溶液，可以显著提高葡萄坐果率。

7. 利用植物生长调节剂提高坐果率

外源激素可以改变内源激素的平衡关系，促进养分向花序运转，促进坐果。在 6~10 片叶时喷布 50~100mg/kg 的矮壮素（CCC）可以有效地抑制新梢和副梢的生长，提高坐果率。

8. 环割

在开花前 7~10d 对主蔓或结果枝进行环割，也可以抑制新梢生长，提高坐果率。通常主蔓环割的宽度不宜超过 0.5cm，结果枝环割的宽度为 0.2~0.3cm。

9. 花前防治灰霉病

在葡萄开花前 5d 和开花后 5d 各喷布一次异菌脲可以有效防治灰霉病。

四、　果穗套袋与摘袋

（一）果袋选择

生产中一定要严格选择果袋种类，采用正规厂家生产的优质果袋，坚决杜绝使用假冒伪劣产品。另外，用过的果袋下一年不要再用，因为果袋经过一年的风吹雨打，再次使用极易破损，涂药袋此时已经没有任何药效，难以发挥套袋应有的效果，甚至会带来不应有的损失。葡萄套袋应根据品种以及不同地区的气候条件，选择适宜的果袋种类。一般巨峰系葡萄采用巨峰专用的纯白色聚乙烯果袋为宜；红色品种可用透光度高的带孔玻璃纸袋或塑料薄膜袋。为了降低葡萄的酸度，可以使用玻璃纸袋、塑料薄膜袋等能够提高袋内温度的果袋。生产中应注意选择葡萄专用的成品果袋。

葡萄专用果袋应具有较大的强度、较好的透气性和透光性，耐风吹雨淋，不易破碎。

巨峰系品种及中穗型品种一般选用 22cm×33cm 和 25cm×35cm 规格的果袋，而红地球等大穗型品种一般选用 28cm×36cm 规格的果袋。

（二）套袋时间与方法

1. 套袋时间

一般在葡萄开花后 20～30d，即生理落果后果实玉米粒大小时进行，如为促进果实对钙元素的吸收，提高果实耐贮运性，可将套袋时间延迟到果实刚刚开始着色或软化时进行，但多雨地区需注意加强病害防治。同时要避开在雨后高温天气或阴雨连绵后突然放晴的天气下套袋，一般要经过 2～3d，待果实稍微适应高温环境后再套袋。

2. 套袋方法

在套袋之前，果园应全面喷布一遍杀菌剂，重点喷布果穗，蘸穗效果更佳，待药液晾干后再套袋。先将袋口端 6～7cm 浸入水中，使其湿润柔软，便于收缩袋口。套袋时，先用手将果袋撑开，使果袋鼓起，然后由下往上将整个果穗全部套入袋中。再将袋口收缩到果梗的一侧（禁止在果梗上绑扎果袋）。穗梗上，用一侧的封口丝扎紧。在封口丝以上要留有 1.0～1.5cm 的果袋，套袋时严禁用手揉搓果穗，套袋后，进行田间管理时要注意尽量不要碰到果穗部位。

（三）摘袋时间与方法

应根据品种及地区确定摘袋时间，对于无色品种及果实容易着色的品种，如巨峰等，可以在采收前不摘袋，在采收时摘袋，但这样成熟会延迟，如巨峰品种延迟成熟 10d 左右。红色品种如红地球一般在果实采收前 15d 左右摘袋。果实着色至成熟期昼夜温差较大的地区，可适当延迟摘袋时间或不摘袋，防止果实着色过度，变成紫红色或紫黑色，降低商品价值；在昼夜温差小的地区，可适当提前摘袋，防止摘袋过晚果实着色不良。摘袋时先将袋底打开，经过 5～7d 锻炼，再将袋全部摘除较好。去袋时间宜选择晴天上午 10 时以前或下午 16 时以后，阴天可全天进行。

（四）果实套袋的配套措施

1. 套袋后的管理

果实套袋后，由于天气、肥水、病虫害的影响，每 2～3d 需要对套袋果实进行 1 次抽样检查。如果发现"尿袋",就要警惕酸腐病的发生,一定要剪除并带出园区销毁。套袋后一般可以不再喷布防治果实病虫害的药剂。重点防治叶片病害如黑痘病、炭疽病、霜霉病等。

2. 摘袋后的管理

摘袋后,每隔 10~15d 叶面交替喷施 1 次氨基酸钾肥和氨基酸钙肥,以促进果实发育和降低裂果发生的概率。

摘袋后一般不必再喷药,但须注意防止金龟子等害虫危害,并密切观察果实着色情况。在果实着色前,剪除果穗附近的部分已经老化的叶片和架面上过密枝蔓,可以改善架面的通风透光条件,减少病虫危害,促进果实着色。此时,部分叶片老化,光合作用较弱,光合产物入不敷出,而大量副梢叶片叶龄较小,所以适当摘除部分老叶不仅不会影响树体的光合产物积累,而且可以减少营养消耗,更有利于树体的营养积累,但是摘叶不可过多、过早,以免妨碍树体营养贮备,影响树势恢复及翌年的生长与结果,一般以架下有直射光为宜。另外,需注意摘叶不要与摘袋同时进行,也不要一次完成,应当分期分批进行,以防止发生日灼。

第七章

植物生长调节剂的应用

一、葡萄常用的植物生长调节剂

葡萄在生产过程中，由于品种原因或不良气候条件的影响，会产生落花落果严重、果粒不整齐、果粒较小等影响丰产丰收的问题。为了克服这些生产障碍，在生产中除加强栽培管理外，还常常需要使用植物生长调节剂来调节生长，达到丰产丰收的目的。

葡萄内源激素参与调节众多生理活动如开花、坐果、果实生长与成熟等，而外用植物生长调节剂可以改变内源激素的平衡，从而调节葡萄的生长发育进程，使其按照人们所需的方向发展。在葡萄生产中，植物生长调节剂主要用于促进生根、果实无核化、控制新梢生长、促进花芽形成、保花保果、增加产量、提高果实品质、延长或打破休眠、提高抗性、提高耐贮运性等方面。在葡萄生产中常用的植物生长调节剂有以下几类：

（一）生长素类

生长素主要促进细胞的生长，特别是细胞的伸长，对细胞分裂没有影响。植物幼嫩部位对生长素最敏感，对于趋于成熟、衰老的组织，生长素的作用不明显。生长素能够改变植物体内的营养物质分配，生长素分布较多的部位，得到的营养物质就多，形成分配中心。生长素的作用具有双重性，较低浓度的生长素促进生长，而较高浓度的生长素抑制生长。生长素在生产上主要用于促进果实发育、促进扦插枝条生根、防止落花落果、提高果实耐贮性等。在葡萄上应用较多的生长素类植物生长调节剂有吲哚乙酸（IAA）、吲哚丁酸（IBA）和萘乙酸（NAA）3种。

1. 吲哚乙酸（IAA）

又称吲哚-3-乙酸，是一种植物体内普遍存在的内源生长素，属吲哚类化合物，在光和空气中易分解，不耐贮存。它不仅能促进植物生长，调节愈伤组织的形态建成，同时也具有抑制植物生长和器官建成的作用。在较低浓度时能促进生长，较高浓度时则抑制生长。

2. 吲哚丁酸（IBA）

白色结晶至浅黄色结晶固体，溶于丙酮、乙醚和乙醇等有机溶剂，难溶于水。吲哚丁酸较稳定，不易降解，它可经叶片、树枝的嫩表皮、种子等进入到植物体内，随营养物质运输到全株起作用部位。吲哚丁酸具有促进植物细胞分裂与生长、诱导形成不定根、提高坐果率、防止落果、改变雌雄花比例等作用。

3. 萘乙酸（NAA）

无色无味针状结晶。性质稳定，但易潮解，见光变色，需要避光保存。与吲哚丁酸类似，经叶片、树枝的嫩表皮、种子进入到植物体内，再随营养流输导到全株。它能促进细胞分裂、诱导形成不定根、提高坐果率、防止落果、改变雌雄花比例等。

（二）细胞分裂素类

细胞分裂素是一类能促进细胞分裂、诱导芽的形成与生长的物质的总称。它是调节植物细胞生长和发育的植物激素，与生长素有协同作用，主要作用有促进细胞分裂、提高坐果率、诱导芽的形成与生长、防止离体叶片衰老、保绿等。在葡萄上应用较多的细胞分裂素类植物生长调节剂有 6-卡氨基嘌呤和氯吡脲。

1. 6-卡氨基嘌呤（6-BA）

白色结晶粉末，难溶于水，微溶于乙醇和酸类。主要通过发芽的种子、根、嫩枝、叶片吸收，进入植物体内后移动性小。6-BA 具有促进细胞分裂、诱导愈伤组织形成、促进芽萌发、防止老化、促进坐果等作用，在组织培养中应用较多。

2. 氯吡脲（KT-30、CPPU）

白色晶体粉末，难溶于水，溶于甲醇、乙醇、丙酮等有机溶液，常规条件下稳定。它是目前人工合成的活性最高的细胞分裂素类植物生长调节剂，其活性是 6-BA 的几十倍，具有加速细胞有丝分裂、促进细胞增大和分化、诱导芽的发育、防止落花落果等作用。

（三）赤霉素类

赤霉素是在植物体内广泛存在的一类植物激素，不同树种、品种以及不同器官含有赤霉素的种类也不同。赤霉素可溶于醇类，难溶于水。赤霉素可促进植物生长，包括细胞的分裂和伸长 2 个方面。赤霉素能代替种子萌发所需要光照和低温条件，从而打破种子休眠、促进发芽；可诱导葡萄单性结实，促进无籽果实的发育；可拉长花序、提高坐果率、增大果粒、改善果实品质等。

（四）乙烯类

乙烯类植物生长调节剂中应用最多、应用技术最为成熟的是乙烯利，又称乙基膦（CEPA）。乙烯利为白色至微黄色针状晶体，易溶于水、醇类。它主要具有促进果实成熟、雌花分化，打破种子休眠，抑制茎和根的增粗生长、幼叶的伸展、芽的生长等作用。

（五）生长延缓剂和生长抑制剂

1. 脱落酸（ABA）

白色结晶粉末，溶于水，易溶于甲醇、乙醇、丙酮、氯仿、乙酸乙酯与三氯甲烷等，难溶于醚、苯等。ABA 稳定性较好，常温下可保存 2 年，宜在干燥、阴凉、避光的密封条件下保存。它的水溶液对光敏感，属强光分解化合物。由于脱落酸与赤霉素有拮抗作用，可以刺激乙烯的产生，因此有促进果实上色成熟的作用。但其主要作用是抑制与促进生长，促进叶的脱落，促进气孔关闭，影响开花、性器官分化等，可维持芽与种子休眠，因此脱落酸是一种抑制种子萌发的有效调节剂，可以用于种子贮藏，保证种子、果实的贮藏质量。

2. 缩节胺

也称甲哌嗡、助壮素、调节啶、健壮素、棉壮素等。纯品为白色或浅黄色粉状物，极易吸潮结块，但不影响药效，不燃，无腐蚀性，常温下放置 2 年有效成分基本不变。缩节胺是赤霉素的拮抗剂，其主要作用是能够抑制细胞和节间的伸长，可控制新梢徒长，使植物矮壮；可增强叶绿素的合成作用，使叶色变深，并能增强光合作用，利于有机物的合成与积累；促进根系生长，增强根系对土壤养分的吸收能力；提高植物抗旱抗逆能力，减少花、果实脱落，促进果实提早成熟。

3. 多效唑（PP_{333}）

白色固体，易溶于水及有机溶剂。多效唑是赤霉素的抑制剂，可抑制植物的顶端生长优势、缩短节间长度、促进花芽分化，低浓度使用还可以增强叶片的光合作用，使叶绿素、核酸、蛋白质等的含量明显增加。但是，多效唑在土壤中残留时间较长，如果使用或处理不当，极易造成果品农药残留超标。

二、 植物生长调节剂在葡萄上的应用

（一）促进生根与繁殖

葡萄通常有硬枝扦插、绿枝扦插、压条等繁殖方式，葡萄树自身能产生促进和抑制生根的物质，这些物质的不同比例决定了葡萄不同种及品种生根的难

易程度。有的种或品种自身产生的抑制物质较多，需外源的植物生长调节剂来促进生根，如山葡萄、冬葡萄、藤稔等，因此应合理应用植物生长调节剂，以促进难生根的葡萄品种生根，提高成活率。

用于葡萄生根与繁殖的植物生长调节剂主要有 IAA（吲哚乙酸）、IBA（吲哚丁酸）、NAA（萘乙酸）等。由于 IBA 在葡萄枝内运转性较差，且在处理的部位附近可保持长时间活性，诱导产生的根也比较强壮，因此 IBA 在促进葡萄插条生根中最为常用。生产上将这些植物生长调节剂按照一定比例混用，生根效果比单用好。

采用植物生长调节剂处理插条的方法主要有 2 种：一是速蘸法。把插条末端浸在 500～1 000mg/L 的 IBA、IAA 或 NAA 溶液中 3～5s，或将抽条末端蘸湿后插入生长调节剂粉末中，使切口沾匀粉末即可直接扦插，促进生根。二是慢浸法。把插条基部 2～4cm 在较低浓度的 IBA、IAA 或 NAA 溶液中浸泡 12～24h，一般使用的浓度为 50～150mg/L。

另外，葡萄苗在定植前用 500mg/L NAA 或 IBA 溶液浸 3～5s，或者将小苗根系用含有 20～100mg/L NAA 或 IBA 的泥浆浸蘸，有利于促发新根，促进根的生长，提高小苗成活率。

（二）拉长花序

在葡萄生产上主要利用赤霉素来拉长花序，但并不是任何品种都适合采用拉长花序技术。坐果好、果穗极紧密的品种采用赤霉素拉长花序，可以减少疏果用工量，果粒较小的品种还可以增加果粒重量，提高果实品质。例如一些酿酒品种，以及红地球、夏黑无核、醉金香、巨玫瑰等鲜食品种，进行无核栽培时均可采用赤霉素来拉长花序。但坐果较差的品种，或者坐果较好但新梢生长较旺盛的品种不宜拉长花序，否则易导致坐果不理想，造成果穗较松散，影响商品性。

一般在开花前 20～30d 采用 1～5mg/L 赤霉素溶液浸蘸花序，效果较好。此外，花序拉长程度与处理时期有关，处理过早，花序往往过长，处理过晚，花序拉长效果不明显。因此生产上应根据品种、栽培技术和处理时期的不同相应地调整赤霉素的浓度，处理早浓度应较低，推迟处理时间可适当提高浓度。

（三）保花保果

葡萄落花落果是一种正常的自疏现象，如巨峰葡萄的正常坐果率为 11.7%～13.4%。但是在生产中，葡萄成龄树的生理落花落果往往超过了经济栽培所适宜的范围，坐果率在 7% 以下，导致产量大幅下降。造成大量落花落果的原因除遗传因素外，大多是由于树体贮藏营养不足、养分分配不当、异常气候、不合理的栽培技术等原因所致。因此为提高坐果率，必须从提高葡萄园科学管理水平入手，采取营养调节措施，对园地进行土壤改良，增施有机肥，为葡萄根系生长发育创造良好条件，合理密植，控制留果量，花前摘心控制副梢生长等。此外，还可以适当利用植物生长调节剂来保花保果。

一般现有的无核品种和自然坐果率低的巨峰等大粒有核品种，以及一些花前长势太旺盛的欧美杂种，通常采用赤霉素来提高坐果率。在葡萄坐果期使用赤霉素，可阻止离层的形成，促进营养物质输送到幼果，从而提高坐果率。赤霉素的使用浓度为 25～100mg/L，一般在盛花期至落花后 5d 内喷穗或蘸穗，但具体使用时间因品种、天气、果园而异，若使用偏早，坐果太好，增加疏果难度，使用偏晚，保果效果差。

（四）果实膨大

在葡萄生产上，通常采用植物生长调节剂来使果实膨大，特别是在无核品种上常用植物生长调节剂来增大果实。促进葡萄果实膨大，实际上是通过采取措施提高果实中细胞分裂素的含量，增加单位体积的细胞数量，提高细胞横向增生能力，加速果实的前期生长发育。需要注意的是，并不是所有的葡萄品种都适宜使用植物生长调节剂进行膨大处理，如巨玫瑰、黑蜜等巨峰系的大多数品种使用赤霉素后果实增大效果不明显。而一些无核品种，如夏黑无核葡萄，若不采用赤霉素处理，其果实仅 1.5～2.0g，商品性较差。适宜采用膨大处理的品种主要为自然无核品种、三倍体品种、无核化栽培的有核品种，或对激素敏感、增大效果明显的品种，如藤稔、高妻、甬优 1 号、金峰、超藤、先锋 1 号等。

常用于葡萄膨大处理的植物生长调节剂及使用方法如下：

1. KT－30

KT－30 是一种新型高效的细胞分裂素类植物生长调节剂，具有促进坐果和使果实膨大的作用，其生理活性为玉米素的几十倍，居各种细胞分裂素之首。KT－30 对于落花落果严重、开花期对气候条件敏感的巨峰等品种提高坐果率的效果非常明显，可使产量大大提高。使用 KT－30 时需注意，因为它能使坐果率提高、果实明显膨大，所以必须严格控制产量，必要时配合疏粒，否则会因产量过高造成着色和成熟期推迟，在正常负载量下对果实着色和成熟期无影响，并且有提高果实含糖量的效果。

2. 赤霉素

在无核品种上使用赤霉素可使果实明显增大。如美国自 1961 年以来，对无核白葡萄几乎全部采用赤霉素处理，应用面积达 1.5 万 hm² 以上，果粒增大 1～1.78 倍。我国在无核白等品种上应用赤霉素处理也取得了较好的效果，使用方法是在盛花期用 10～30mg/kg 赤霉素溶液处理 1 次，于花后 15～20d 用 30～50mg/kg 赤霉素溶液再处理 1 次，浸蘸或喷布花序和果穗。不同品种适合的处理浓度有所差异。实践证明，红脸无核第 1 次使用浓度为 10mg/kg，第 2 次使用浓度为 30mg/kg；金星无核第 1 次使用浓度为 20～50mg/kg，第 2 次使用浓度为 50mg/kg；无核白鸡心第 1 次使用浓度为 20mg/kg，第 2 次使用浓度为 50mg/kg；无核白第 1 次使用浓度为 10～20mg/kg，第 2 次使用浓度为 20～40mg/kg，效果均较好，可使果粒增重 0.5～1 倍以上。

3. 增大灵

主要成分是氯吡脲，有核品种（如巨峰、藤稔等）于花后 10～12d 浸蘸或喷布果穗，可使果粒增大 30％～40％。详细的使用方法参照产品说明书。

（五）无核化处理

葡萄无核化处理就是利用良好的栽培技术和无核剂，使葡萄果实内的种子软化或败育，达到大粒、早熟、无籽、丰产、优质、高效的目的。无核化处理是目前葡萄生产上的一项重要新技术，其应用越来越普遍。无核化处理的植物生长调节剂主要有以下几种：

1. 赤霉素

应用赤霉素诱导葡萄无核的工作，已在世界上许多国家葡萄生产上进行。如日本从 1959 年就开始在玫瑰露（底拉洼）品种上应用，到目前应用面积达上万公顷，技术成熟，效果良好。第 1 次处理是在玫瑰露葡萄盛花前 12～14d，用 100mg/kg 赤霉素溶液喷布花序，破坏胚（种子）的形成，达到无核的目的。第 2 次处理是在盛花后 13d 用 50mg/kg 赤霉素溶液喷布果穗，使果粒增大（因为无核处理后的果粒通常会变小）。

2. 葡萄无核剂或消籽灵

主要成分是赤霉素，同时增加了其他调节剂或微量元素。生产实践表明比单用赤霉素处理效果要好，副作用小。使用方法详见产品说明书。

需要特别强调的是，使用赤霉素等进行无核化处理的效果，与树势、栽培管理水平、药剂浓度及使用时期等都有密切关系，稍有不慎就会造成穗轴拉长、穗梗硬化、脱粒、裂果等副作用，造成不应有的损失。因此，无核化处理应提倡在壮枝上应用，并以良好的地下管理和树体管理为基础，尽量减少或消除不良副作用。此外，赤霉素不溶于水，需先用 70％酒精溶解后再兑水稀释。应选在晴朗无风天气用药，为了便于吸收和使浓度稳定，最好在上午 8—10 时或下午 15—16 时喷药、蘸药。若使用后 4h 内降雨，雨后应补施 1 次。

（六）延长或打破休眠

在葡萄生产上由于气候的不同或生产目的不同，常常会利用一些化学物质来延长或打破芽或种子的休眠。葡萄芽和种子休眠的开始和终止，除受环境因素影响外，还受内部促进物质（生长素、赤霉素、细胞分裂素）和抑制物质（主要是脱落酸）相互作用的影响。

在冬季不需要防寒越冬但春季发生晚霜冻害的地区，或者是想要采取延迟栽培、达到葡萄果实晚上市目的的果园，可以在2—3月给葡萄树喷750～1 000mg/kg NAA溶液，以延迟发芽，上一年生长期喷过赤霉素的，春季发芽也会延迟。

南方许多地区由于冬季气温较高，气温低的时间比较短，或者是大棚覆膜栽培，葡萄会出现低温不足的现象。因为葡萄属于落叶果树，在温带的自然条件下形成了低温休眠的特性，当枝条上的冬芽形成后，即进入休眠状态，一直到翌年春天才会萌发。进入休眠期后，葡萄需冷量一般为1 000～2 000h，满足其需冷量后才可打破休眠，但因品种、年份、环境等条件有所差异，二年生里扎马特葡萄平均需冷量为447.5h，京亚为632.5h，巨峰为771.4h，而绯红和无核白鸡心分别为1 209h和1 291h。如果低温不足，葡萄正常休眠就不能顺利通过，就会出现发芽不整齐、发芽率低、枝梢生长不良、花器发育不完全、开花结果不正常等现象，导致葡萄失去生产价值，进而直接影响产量和质量，因此常常需要借助一些化学物质来打破芽的休眠。

当前在葡萄生产上打破休眠较有效的方法是利用石灰氮或者单氰胺涂抹冬芽。石灰氮和氨基氰处理不仅可以弥补需冷量的不足，而且可以使冬芽萌发整齐一致，花序发育良好。具体处理方法如下：

1. 石灰氮

氰胺化钙（$CaCN_2$）和氧化钙等构成的混合物，在常温下呈灰色粉末状。它可以促使抑制葡萄发芽的物质降解，从而打破芽的休眠，促进发芽。生产上常用20％石灰氮溶液涂芽或全株喷布处理。处理得当可以提前2～3周发芽，提前4～10d开花，提前1周左右成熟。使用石灰氮处理时，枝条顶端的1～2个芽一般不涂，而只对枝条中、下部的芽眼进行涂芽处理，以防止对顶端优势产生影响。

2. 氨基氰

氨基氰（H_2CN_2）是一种液体破眠剂。氨基氰的使用方法比石灰氮更方便，它不需要用水溶解，也不需要调节pH，只要按照浓度稀释后就直接可以应用。一般氨基氰商品溶液的有效含量是50％，在应用时可以稀释为2％～5％的浓度涂芽，加入0.1％的吐温80等表面活性剂效果更为理想。使用时期与石灰氮类似。

（七）植物生长调节剂的其他作用

在葡萄生产上有时还会利用植物生长调节剂来提高果实含糖量及促进着

色，延缓生长。常用方法如下：

1. 应用外源乙烯来促进葡萄降酸、增加花色素含量、促进着色

该法常伴随落果、果实软化等副作用。目前市场上供应的着色增糖剂、催熟剂等均是以乙烯利为主要原料的复配剂。乙烯利能促进增糖，促进着色，一般能提早 7d 左右采收，但浓度不能偏高，否则会导致严重落果。乙烯利的使用浓度一般以 200mg/kg 为宜，不能超过 300mg/kg。在果实开始着色时对果穗喷雾或浸蘸果穗，尚未着色不宜使用，不能喷到叶片，否则会引起落叶。

2. 应用多效唑等生长延缓剂来抑制新梢的旺长

葡萄树在温度和水分适宜的条件下其枝蔓一年四季可不断生长，并多次分枝，同时有时候由于土壤肥沃、水分过多或修剪不当，葡萄树新梢会旺盛生长。生长过旺的葡萄树，树体内激素平衡状况和营养分配不利于生殖器官的发育和坐果，采用多效唑等生长延缓剂可以抑制或延缓新梢的生长，使新梢近顶端部分的细胞分裂和伸长受抑制，营养物质会更多地分配到花穗，显著提高坐果率，减少小果粒。可在新梢旺盛生长初期、葡萄开花前使用，可以减少修剪量、提高坐果率。全株喷布，浓度为 500～1 500mg/kg，喷施后新梢生长量明显减少，副梢的生长也会受到抑制。多效唑以土施效果较好，叶面喷施只有短暂的控制效应，还易产生药害，施用量为结果树每株 0.15～0.5g，用 5～10kg 水稀释后，在主干周围挖沟浇入，施用时期可分秋施、花前施和花后施，秋施和花前施容易造成坐果过多、果粒密挤而影响发育。

三、　应用植物生长调节剂的注意事项

（一）根据不同葡萄品种、树势、树龄选择植物生长调节剂

葡萄品种不同，其本身含有的各种内源激素种类与量也有所不同，对植物生长调节剂的反应也不一样，因此不能一概而论滥用植物生长调节剂，需根据品种的特点来选用。如坐果良好的品种，就没有必要再用植物生长调节剂促进坐果。扦插容易生根的品种也不一定要用生长素来催根。一般无核品种用赤霉素增大果粒都有作用，但有极少数品种反应不太明显。有核品种利用赤霉素增大果粒时，品种不同增大效果也不同，如巨峰用赤霉素处理增大不明显，而藤稔、先锋、伊豆锦花后应用赤霉素处理效果显著，效果不明显的品种就没有必要进行膨大处理。在对不同品种进行无核化处理时效果也不同，对先锋、醉金香等进行无核化处理就容易成功，而且处理后果粒大、品质优；而巨峰无核化就不稳定，大多数情况下表现果粒小、无核率低。

葡萄品种、树势、树龄不同，植物生长调节剂的使用效果很可能不一样，但无论是增大果粒，还是无核化栽培，健壮的树势才是植物生长调节剂应用的

基础。如果树势不稳定，或者树势偏弱，同一株树上开花时间与花穗发育状态参差不齐，就很难选择合理的处理时期。

（二）生长调节剂处理只能作为栽培管理的辅助性技术

在葡萄上应用植物生长调节剂，必须以合理的土、肥、水和架面管理为基础，才能达到高产、优质、高效的目的。植物生长调节剂的应用，只能是葡萄栽培的辅助性技术，而不可取代基本的栽培管理技术。

在应用植物生长调节剂之前，必须把土、肥、水、光照、温度、湿度等调节好，再辅以合理的修剪、控产、病虫害防治等管理措施，当植株长势强旺时选择适当的时期、适合的植物生长调节剂种类，合理地应用、细致地管理，植物生长调节剂才能充分显示其效果，从而达到增产、增效的目的。例如对果实进行膨大处理时，如果没有充足的肥水、合理控产、及时疏穗疏粒、适当的叶果比等条件，生长调节剂的功效就得不到充分发挥，就不会达到目的。

（三）根据气候等条件选择植物生长调节剂使用时期和浓度

植物生长调节剂在使用时温度和湿度、处理时间对处理的效果影响较大。如在春末夏初时应选择在晴天上午 12 时前或下午 15 时以后至落日之前使用，避开 30℃ 以上的高温时间，空气相对湿度以 60%～80% 为宜，空气相对湿度太小易造成药害，空气相对湿度太大处理效果不太理想。植物生长调节剂处理时期对处理效果影响较大，而且同一植物生长调节剂在不同时期使用，不仅效果不同，而且可能完全无效，甚至产生相反的效果，同时适当的使用浓度和次数也尤为重要。一般来说无核品种进行增大果粒的处理比有核品种要早；无核化生产时花前处理比花期处理无核率高；赤霉素在花前使用可以起到拉长花序的作用，果实膨大期使用有增大果粒的作用；无核品种、单性结实品种在盛花后几天内用赤霉素促进果实生长的效果较好；种子败育型结实品种，果粒增大处理最有效的时期是在胚败育期，为盛花后 10d 左右。

此外，不同果园、不同年份由于气候条件变化，具体处理时期一般还是要根据多年积累的经验，由物候期指标来决定。

第八章

葡萄病虫害防治

一、 葡萄病虫害发生特点与综合防治

葡萄在整个生命周期中，都会受到各种生物（病毒、细菌、真菌和害虫）和非生物（霜冻、冻害、干旱、盐碱、肥害、营养不良或过剩、化学物质等）的胁迫危害，影响葡萄的正常生长和果实的品质，严重时会减产减收，造成极大的经济损失。我国北方葡萄种植面积很大，但是各地的气候类型各异，适宜种植的品种和易感染的病虫害种类也不同。所以，在葡萄的生长过程中一定要根据当地具体情况，制订对各种病虫、不良环境的有效预防措施。

（一）病虫害发生时期

北方葡萄的生长发育期是 4 月初至 10 月末，葡萄的病虫害发生主要在这个时期。7—9 月是葡萄生长发育期中降水较多的时期，是病虫害发生较为严重的时期。

（二）病虫害诊断

不管天气如何、不管葡萄树体是否有果实，从萌芽到收获，都要细致地做好病虫害的检查工作，越早防治效果越好，使用的杀菌剂和杀虫剂越少。采收后、落叶前也要仔细检查，做好叶片病虫害的防治和叶片、枝条的消毒工作，将病原和害虫数量降到最低限度。

（三）综合防治

葡萄病虫害直接影响葡萄的产量、品质和市场供应。近年来，由于葡萄产业迅速发展，病虫害种类也随之增多，发生规律也较复杂，所以要做好病虫害防治工作。在实际防治过程中，常采用广谱化学农药，使病原、害虫产生抗药性，杀伤天敌且污染环境。特别是葡萄大多供人们鲜食，使用化学农药后残留的问题比较突出，迫切需要贯彻"预防为主，综合防治"的植保工作方针。在综合防治中，要以农业防治为基础，因时因地制宜，合理运用化学防治、生物

防治、物理防治，经济、安全、有效地控制病虫害，以达到提高产量、质量，保护环境和人民健康的目的。

1. 农业防治

（1）植物检疫

预防病虫害的最好办法是防止危险性病原、害虫进入未曾发生病虫害的新区域。植物检疫是防止病虫害扩散传播的主要措施。对进出口和国内地区间调运的种子、苗木、接穗等进行现场或产地检疫，以便发现带有病原、害虫的材料，在到达新区域以前或进入新区域后分散以前进行处理。严禁从疫区调运已感染病虫害或携带病原、害虫的种子、苗木、接穗等。发现检疫对象应及时扑灭。通过检疫，有效地制止或限制危险性有害生物的传播和扩散，对阻止各地未曾发生的植物病虫害的侵入有积极作用。如葡萄根瘤蚜、美国白蛾和葡萄癌肿病都是我国主要检疫对象，到目前为止，我国对这些危险性病虫害控制效果较好，没有造成大面积危害。

（2）保持果园清洁

做好果园清洁是消灭葡萄病虫害的根本措施，要求在每年春、秋季集中进行，并将冬剪剪下的枯枝叶、剥掉的老皮清扫干净，集中烧毁或深埋，减轻翌年的危害。在生长季节发现病虫危害时，也要及时仔细地剪除病枝、病穗、病果和病叶，并立即销毁，防止传播蔓延。

（3）改善架面通风透光条件

葡萄架面枝叶过密，果穗留量太多，通风透光较差，容易发生病虫害。因此，要及时绑蔓摘心和疏除副梢，创造良好的通风透光条件。接近地面的果穗，可用绳子适当吊高，以防病虫害的发生。

（4）加强水肥管理

灌水、施肥必须根据果树生长发育需要和土壤的肥力决定。施用有机肥或无机复合肥能增强树势，但要避免氮肥过多、磷钾肥不足。土壤积水或干旱会加重病虫害的发生。地势低洼的果园，要注意排水防涝，促进树体根系正常生长，有利于增强树体抗逆性。

（5）深翻和除草

结合施基肥深翻，可以将土壤表层的害虫和病原菌埋入施肥沟中，以减少病虫来源。要将葡萄树根部附近土中的虫蛹、虫茧和幼虫挖出来，集中杀死。

（6）选育抗病虫品种

生产上应用抗病虫品种是防治病虫害最经济有效的方法。抗病虫品种间杂交培育抗性较强的品种效果更为明显。寄主植物和有害生物在长期进化过程中形成了协同进化的关系，有些寄主植物对一些病虫害形成了不同程度的抗性，因此，利用抗病虫品种防治病虫害，简单易行、经济有效，特别是对一些难以防治的病虫害，效果更理想。

近年来，生产上栽培的葡萄品种康太，就是从康拜尔自然芽变中选育出来的，它不仅能抗寒，而且对霜霉病和白粉病抗性也较强。从日本引进的欧美杂交种巨峰品种群，抗黑痘病、炭疽病能力也较强，很受栽培者欢迎。还有从国外引进的抗根瘤蚜和抗线虫的葡萄砧木，通过无性嫁接培育出葡萄苗木，也能达到抗葡萄根部病虫害的目的。

2. 生物防治

生物防治是综合防治的重要环节，主要包括以虫治虫、以菌治菌等。生物防治的特点是对果树和人畜安全，不污染环境，不伤害天敌和有益生物，具有长期控制的效果。目前，在葡萄生产上应用农抗 402 生物农药，在切除后的癌肿病瘤处涂抹，有较好的防治效果。抗霉菌素 120 是中国农业科学院近年来研究的一种新型农用抗生素，其中 120A 和 120BF 可以作为防治葡萄白粉病较理想的生物药剂，并且对葡萄黑痘病有较好的疗效。另外，自然界中害虫有很多天敌，保护环境，利用天敌防治果园中的害虫是当前不可忽视的生物防治措施。

3. 物理防治

物理防治是指利用病原菌、害虫对温度、光谱、声响等的特异性反应和耐受能力，杀死或趋避有害生物的方法。如生产上栽培的无病毒葡萄苗木，常采用热处理方法脱除病毒。据报道，苗木在 30℃条件下处理 1 个月以上则可以脱除黑痘病。根据一些害虫有趋光性的特点，在果园中安装黑光灯诱杀害虫，应用较为普遍，防治效果也较好。

4. 化学防治

应用化学农药控制病虫害发生，是目前果树病虫害防治的必要手段，也是综合防治不可缺少的重要组成部分。尽管化学农药存在污染环境、杀伤天敌和农药残留等问题，但也具有其他防治方法不能代替的优点，如见效快、效果好、广谱、使用方便、适于大面积机械操作等。

二、　葡萄病害的识别与防治

各种葡萄病害的发生有一定的规律，掌握规律后，对葡萄病害进行预防及防治会起到事半功倍的效果。

（一）真菌性病害

1. 霜霉病

（1）危害症状

该病只危害地上部幼嫩组织，如叶片、新梢、花穗和果实等。叶片染病，初现半透明的淡黄绿色油渍状斑点，边缘不清晰，后扩展成黄色至褐色多角形病斑。湿度大时，病斑背面产生白色霉层，即病原菌的孢囊梗和孢子囊，病斑最后变褐，叶片干枯。新梢、卷须染病，病斑初呈半透明水渍状，后呈黄色至褐色，表面也产生白色霉层，病梢生长停滞、扭曲或干枯。小花及花梗染病，初现油渍状小斑点，病部有白色霉层，病花穗呈深褐色，腐烂脱落。幼果染病，病部变硬下陷、皱缩，感染果梗后，造成果实软腐，干缩脱落。

（2）发病规律

病原菌主要以菌丝体潜伏在芽中或以卵孢子在病组织中越冬，病原菌也可以随病残体在土壤中越冬。翌年春季当气温达 11℃时，卵孢子可在水中或潮湿土壤中发芽，产生孢子囊，孢子囊遇水释放游动孢子，游动孢子借雨水冲溅及风携带传播，通过叶片上的气孔或果穗上的皮孔侵入叶片和嫩穗。侵入后菌丝在细胞间隙蔓延，长出圆锥形吸器伸入寄主细胞内吸取养分，然后从气孔伸出孢囊梗，产生孢子囊，孢子囊成熟后脱落，借风雨传播进行多次再侵染。不同地区的发病时期不同。

该病的发生与流行与田间湿度成正相关，一般降水或浇水频繁、田间湿度大、果园易积水有利于该病害发生与流行，多雾、多露水易导致该病害的流行。该病害的发生也与组织的幼嫩程度有关，如果组织处于幼嫩阶段，再遇多雨高湿条件，病害往往流行。此外，地势低洼、浇水频繁、果园通风不良、修剪不当也有利于该病发生。南北架比东西架发病重，棚架比立架发病重，葡萄架低的比葡萄架高的发病重，偏施氮肥植株徒长发病重。

（3）防治方法

在生长季节和秋季修剪时要彻底清除病枝、病叶、病果，集中烧毁，减少越冬病原菌；选用抗病品种；加强栽培管理，尤其注意雨季及时排水，在生长期及时剪除多余的副梢枝叶，创造良好的通风透光条件，降低果园湿度；适当增施磷、钾肥，适当控制速效氮肥的施用量，抬高棚架，提高结果部位，清除园中杂草等；采用避雨栽培。

抓住病原菌初侵染期喷药，可用 80％波尔多液可湿性粉剂 300～400 倍液、68.75％噁酮·锰锌水分散粒剂 800～1 200 倍液、77％硫酸铜钙可湿性粉剂 500～600 倍液、80％代森锰锌可湿性粉剂 800 倍液、70％丙森锌可湿性粉剂 600～700 倍液、50％烯酰吗啉可湿性粉剂 1 500～3 000 倍液、64％噁霜·锰锌可湿性粉剂 700 倍液、72％霜脲·锰锌可湿性粉剂 600 倍液、69％烯酰吗啉·锰锌可湿性粉剂 600 倍液、72％霜脲氰可湿性粉剂 600 倍液、52.5％噁唑菌酮·霜脲水分散粒剂 2 000 倍液、25％烯肟·霜脲氰可湿性粉剂 1 000～2 000 倍液、25％吡唑醚菌酯乳油 1 500～2 000 倍液、25％嘧菌酯悬浮剂

1 500～2 000 倍液、68.75％噁唑菌酮水分散粒剂 1 000 倍液、50％醚菌酯水分散粒剂 2 000 倍液等药剂进行防治，以后根据病害发生情况，继续使用上述药剂，提倡保护剂与杀菌剂交替或混合使用。一般间隔 10d 左右喷 1 次药。

2. 白粉病

（1）危害症状

主要危害葡萄的叶片、新梢、果穗等部位。叶片染病，发病初期叶背产生白色或黄色褪绿斑，以后病斑变为灰白色或褐色，表面长出大量灰白色霉粉层，即病原菌的菌丝体和分生孢子，严重时遍及全叶，使叶片卷缩或干枯。一些地区有时病斑上产生小黑点，为病原菌的闭囊壳，最后导致全叶枯焦。果梗和新梢染病，初期表面出现灰白色粉斑，后期粉斑变暗，粉斑下面形成雪花状或不规则的褐色花斑，使穗轴、果梗变脆。果实发病，出现黑色星芒状花纹，上覆一层白粉，即病原菌的菌丝体、分生孢子梗及分生孢子，后期病果表面细胞坏死，出现网状花纹，局部发育停滞，病果不易增大，易形成裂果，且果实色泽不佳。

（2）发病规律

病原菌主要以菌丝体在被害组织上或芽鳞片间越冬。翌年条件适宜时产生分生孢子，借气流传播，落到寄主表面萌发侵入。菌丝在寄主表面蔓延，以吸器伸入寄主细胞内吸取营养。气温在 29～35℃时病害扩展快，一般 6 月开始发病，7 月中下旬至 8 月上旬达发病高峰，10 月以后逐渐停止发病。闷热干旱的夏季有利于病害发生。光照对病害发生也有明显影响，如避雨棚因光照条件变差，发病较露地重。此外，葡萄栽植过密，枝叶过多，通风不良时发病重。葡萄不同品种间感病程度也有明显差异，如早金黄、苏珊玫瑰、黑汉、洋白蜜等高度感病，巨峰、早玫瑰、无核白、无核红、白比诺、黑比诺、贝达等较抗病。

（3）防治方法

清除病源，冬、夏季修剪时注意收集病枝、病叶、病果，集中烧毁。加强栽培管理，及时摘心、绑蔓、除副梢，改善通风、透光条件，减轻病害发生。雨季注意排水防涝。生长期喷磷酸二氢钾和根施复合肥，增强树势，提高树体抗病能力。

在葡萄芽膨大期喷 3～5 波美度石硫合剂，彻底消灭越冬病原菌。展叶后一般间隔 10d 左右喷 1 次药，可选用的药剂有 25％乙嘧酚悬浮剂 800～1 000 倍液、0.2～0.3 波美度石硫合剂、10％苯醚甲环唑水分散粒剂 1 000～1 500 倍液、12.5％烯唑醇可湿性粉剂 2 000～3 000 倍液、40％氟硅唑乳油 6 000～8 000 倍液，后期也可改用 25％丙环唑乳油 2 000～3 000 倍液防治，注意在果实幼嫩阶段，使用丙环唑对个别品种可能存在药害风险，应注意观察。

3. 炭疽病

（1）危害症状

炭疽病主要危害着色后的果实，也能危害果梗及穗轴。果实被害，初在果面产生针头大褐色圆形的小斑点，斑点逐渐扩大并凹陷，在表面逐渐长出轮纹状排列的小黑点，这是病原菌的分生孢子盘。当天气潮湿时，病斑上长出粉红色黏质物，即病原菌的分生孢子团块。发病严重时，病斑可以扩展到半个或者整个果面，后期感病，果粒软腐，易脱落，或逐渐失水干缩成僵果。有些品种的症状则稍有不同，幼果表面不产生明显症状，病原菌只是潜伏着，至果粒要上色成熟时才呈现网状褐色的不规则病斑，病斑无明显边缘，但后期感病果粒会干枯而失去经济价值。这种症状以玫瑰香表现最为明显。发生不同的症状可能与品种的抗病性有关。果梗及穗轴发病，产生暗褐色长圆形凹陷病斑，影响果穗生长，发病严重时全穗果粒干枯或脱落。

（2）防治方法

田间卫生清洁是防治炭疽病的基础。具体做法就是把修剪下的枝条、卷须、叶片、病穗和病粒清理出果园，统一处理，不能让它们遗留在田间。这项工作会大大减少遗留在田间越冬的病原菌数量，是防治炭疽病的第 1 个关键。

如果田间卫生清洁比较彻底，那么结果母枝就是唯一的带病体。阻止结果母枝上病原菌分生孢子的产生和传播，是防治炭疽病的第 2 个关键。首先，阻止病原菌侵染当年的绿色部分，包括枝条、卷须、叶柄等；其次，对落花前、后的果穗、果粒提供特殊的保护，并把传播到果粒上的分生孢子杀灭。具体就是花前、花后规范施用杀菌剂，尤其是开花前后有降水的葡萄种植区。

对于套袋栽培的葡萄，套袋前对果穗进行处理是非常有效的防治措施，处理要彻底到位。

4. 白腐病

（1）危害症状

葡萄白腐病俗称"水烂"或"穗烂"，是华北、黄河故道及陕西关中等地经常发生的一种重要病害，在降水多的年份常和炭疽病并发流行，造成很大损失。白腐病在 7—9 月高温多雨时期最易发生。该病主要危害果穗，也危害枝蔓和叶片。发病先从离地面较近的穗轴或小果梗开始，先出现淡褐色不规则水渍状病斑，后逐渐蔓延到果粒。果粒发病后约 1 周，病果由褐色变为深褐色，果粒软腐，果皮下密生灰白色略凸起的小点（即病原菌的分生孢子器，白腐病以此得名），以后病果逐渐失水干缩成僵果。病果在软腐时极易脱落，僵果不易脱落。叶片发病，先从叶尖、叶缘开始，形成淡褐色有同心轮纹的大斑。

（2）防治方法

减少白腐病病原菌的数量是防治白腐病的基础。具体做法就是把病穗、病粒、病枝蔓、病叶带出果园，统一处理，不能让它们遗留在田间。这种工作是日常性的、长期的，必须坚持执行。阻止分生孢子的传播，是防治白腐病的关键。

　　发病重的地区采用棚架式栽培，提倡采用避雨栽培、果穗套袋及地面地膜覆盖等技术；及时绑蔓、摘心、除副梢和疏叶，创造通风透光的环境；增施有机肥、叶面追肥、中耕除草。萌芽期向树上和地面喷 3～5 波美度石硫合剂，或用福美双 500g、硫黄粉 500g、碳酸钙 12kg 混合，地面撒混合药粉 15～30kg/hm²。生长期，一般从 4 月下旬开始，间隔 10d 左右喷 1 次药，可选用的药剂有 10％苯醚甲环唑水分散粒剂 1 000～1 500 倍液、40％氟硅唑乳油 8 000～10 000 倍液、10％氟硅唑水乳剂 2 000～2 500 倍液、10％氟硅唑水分散粒剂 2 000～2 500 倍液、25％戊唑醇水乳剂 2 000～2 500 倍液、10％戊菌唑乳油 2 500～5 000 倍液、25％嘧菌酯悬浮剂 833～1 250 倍液、50％苯菌灵可湿性粉剂 1 500 倍液、70％甲基硫菌灵可湿性粉剂 1 000 倍液、80％多菌灵可湿性粉剂 800 倍液、75％百菌清可湿性粉剂 600～800 倍液、80％代森锰锌可湿性粉剂 500～800 倍液、50％福美双可湿性粉剂 600～800 倍液等。

5. 葡萄黑痘病

（1）危害症状

　　葡萄黑痘病又名疮痂病，俗称鸟眼病，我国各葡萄产区均有分布。在夏季多雨潮湿的地区发病较重，常造成较大的经济损失。葡萄黑痘病危害果实、果梗、叶片及新梢。叶片感病后，在主脉上生有淡黄色病斑，后逐渐变成灰白色，病叶干枯并穿孔。幼果感病后出现褐色病斑，随后中间变成灰白色、稍凹陷，边缘红色或紫色，呈鸟眼状，后期病斑龟裂，病果小而酸。有时穗轴发病，造成全穗发育不良，甚至枯死。

（2）防治方法

　　开花前、落花后是防治黑痘病的关键时期。可以根据往年黑痘病发生的情况、本地区（或地块）气候特点，结合防治其他病害，采取合适的防治措施。一般施用内吸性药剂，例如 10％苯醚甲环唑水分散粒剂 1 500 倍液、40％氟硅唑乳油 8 000～10 000 倍液等。

　　雨季的新梢、新叶比较多，容易造成黑痘病的流行，应根据品种和果园的具体情况采取措施。

6. 葡萄灰霉病

（1）危害症状

　　葡萄灰霉病危害花穗和果实，有时也危害叶片和新梢。花穗多在开花前发病，花穗受害初期似被热水烫状，呈暗褐色，病组织软腐，表面密生灰色霉层，被害花穗萎蔫，幼果极易脱落。果梗感病后呈黑褐色，有时病斑上产生黑色块状的菌核。果实在近成熟期感病，先产生淡褐色凹陷病斑，很快蔓延全果，使果实腐烂。发病严重时新梢叶片也能感病，产生不规则的褐色病斑，病斑上有时出现不规则轮纹。贮藏期如受病原菌侵染，则果实变色、腐烂，有时在果梗表面产生黑色菌核。

（2）防治方法

对于抗性比较强的品种，一般主张以农业防治为主；但对于抗性比较弱的品种，必须将农业防治与化学防治相结合，还要与其他措施配合。

一般掌握在开花前、套袋前和果实近成熟期喷施1～2次药剂，可有效地防治葡萄灰霉病。无病症时选用保护剂，如50%福美双可湿性粉剂1 000～1 200倍液、50%腐霉利可湿性粉剂1 000倍液、50%异菌脲可湿性粉剂500～600倍液等。一旦发现有症状，疏除所有被感染的病果后，立即喷施治疗剂，如3%多抗霉素可湿性粉剂200倍液、40%嘧霉胺悬浮剂800～1 000倍液、10%多抗霉素可湿性粉剂600倍液等。在发病较重的葡萄园中，一般以治疗剂与保护剂交替使用为好。

（二）细菌性病害

1. 葡萄酸腐病

（1）危害症状

果实腐烂、产量降低；果实腐烂造成汁液流失，导致无病害果粒的含糖量降低；鲜食葡萄烂到一定程度，不能食用；酿酒葡萄受酸腐病危害后，汁液外流会造成霉菌滋生，干物质含量增高（受害果粒腐烂后，只留下果皮和种子并干枯），使葡萄失去酿酒价值。

（2）发病规律

酸腐病是真菌、细菌和醋蝇联合危害的结果。严格讲，酸腐病不是真正的一次病害，应属于二次侵染的病害。

引起酸腐病的病原菌，一种是酵母菌，另一种是醋酸菌。酵母菌把糖转化为乙醇，醋酸菌把乙醇氧化为乙酸，乙酸的气味引诱醋蝇，醋蝇在取食过程中接触细菌，在醋蝇的体内和体外都有细菌存在，从而醋蝇成为传播病原菌的罪魁祸首。醋蝇是酸腐病的传病介体。

（3）防治方法

尽量避免在同一果园中种植不同成熟期的品种；增加果园的通透性（合理密植）；葡萄的成熟期不能（或尽量避免）灌溉；合理施用或不要施用激素类药物，避免果皮伤害和裂果；避免果穗过紧（采用果穗拉长技术）；合理施用肥料，避免过量施用氮肥等。

在葡萄成熟期使用药剂对防治酸腐病非常重要。波尔多液和杀虫剂配合使用，自封穗期开始使用 3 次波尔多液，10～15d 喷 1 次。应选择低毒、低残留、分解快的杀虫剂，且杀虫剂要能与波尔多液混合使用，并且 1 种杀虫剂只能使用 1 次。可以使用的杀虫剂有 10％高效氯氰菊酯乳油 2 000 倍液、80％敌百虫可溶粉剂 1 000 倍液等。

2. 葡萄根癌病

（1）危害症状

在葡萄树的根部、树干、枝蔓、新梢、叶柄、穗轴等部位出现大小不等、形状各异的癌瘤。在葡萄树的整个生长期内均可发生。病树初期形成的癌瘤较小，呈圆形凸起，稍带绿色和乳白色，质地柔软，较光滑具弹性，可单生或群集。随着瘤体长大，颜色逐渐变深，后期呈褐色至深褐色，质地变硬，表面粗糙、龟裂，内部组织木栓化，瘤的大小不一，有的数十个瘤簇生成大瘤，在阴雨潮湿天气易腐烂脱落，具腥臭味。受害植株皮层及输导组织遭到破坏，生长衰弱，节间缩短，叶片小而黄，果穗少而小，果粒大小不整齐，成熟也不一致，春天萌芽迟，严重者全株枯死。

（2）发病规律

根癌病主要由土壤杆菌属细菌所引起，病原菌随植株病残体在土壤中越冬，春天气温升高、条件适宜时，病原菌开始繁殖，近距离的传播主要通过雨水和灌溉水，也可通过剪口、机械伤口、虫伤、雹伤以及冻伤等各种伤口侵入植株。带菌苗木传播是该病远距离传播的主要方式。

（3）防治方法

选择无病苗木。杜绝在患病园中采集枝条或接穗。在苗木或砧木起苗后或定植前将嫁接口以下部分用 1％硫酸铜溶液浸泡 5min，再放于 2％石灰水中浸泡 1min，或用 3％次氯酸钠溶液浸 3min，以杀死附着在根部的病原菌。在苗圃或初定植园中，发现病苗应立即拔除并挖净残根集中烧毁，同时用 1％硫酸铜溶液消毒土壤。

在田间发现病株时，可先将癌瘤刮除，然后涂抹 5 波美度石硫合剂 100 倍液或硫酸铜 50 倍液。

三、葡萄重要虫害的发生与防治

1. 绿盲蝽

（1）危害症状

绿盲蝽以成虫和若虫刺吸危害葡萄的幼芽、嫩叶、花蕾和幼果，刺吸过程中分泌多种酶类物质，使植物组织被酶解成可被其吸食的汁液，造成被害部位细胞坏死或畸形生长。被害幼叶最初出现细小黑褐色坏死斑点，叶长大后形成无数孔洞，叶缘开裂，严重时叶片扭曲皱缩，变得粗老或畸形。花蕾被害产生小黑斑，渗出黑褐色汁液。新梢生长点被害产生黑褐色坏死斑，但一般生长点不会脱落。幼穗被害后便萎缩脱落。受害幼果初期表面呈现不明显的黄褐色小斑点，随果粒生长，小斑点逐渐扩大，呈黑色，严重受害果粒表面木栓化，随果粒的继续生长，受害部位发生龟裂，严重影响葡萄的产量和品质。

（2）发生规律

绿盲蝽有趋嫩危害习性。一般1年发生3～5代，以卵在葡萄、桃、石榴、棉花枯断枝茎髓内以及剪口髓部越冬。在葡萄上有2个发生高峰，一是春季发芽后危害嫩梢，二是9—10月危害叶并越冬，成虫飞翔能力强，若虫活泼，稍受惊动便迅速爬迁。主要于清晨和傍晚刺吸危害，白天潜伏不易被发现。

（3）防治方法

在葡萄埋土防寒前，清除枝蔓上的老粗皮，剪除有卵剪口、枯枝等。及时清除果树下及田埂中、沟边、路旁的杂草并刮除果树的老翘皮，剪除枯枝集中销毁，减少绿盲蝽越冬虫源和早春寄主上的虫源。

释放天敌，绿盲蝽的天敌有蜘蛛、寄生螨、草蛉以及寄生蜂等。利用频振式杀虫灯诱杀成虫，绿盲蝽成虫有明显的趋光性，在果园悬挂频振式杀虫灯，每台灯有效控制半径在100m左右，有效控制面积约3hm²，可有效减少成虫种群数量。黏虫胶带适用于稀植或棚架栽培的鲜食葡萄大树，刮去主干粗皮，4月初在距离地面60cm以上粘贴胶带或者涂抹约5cm宽的胶（按说明书操作）。

早春葡萄树萌芽前，全树喷施1次3波美度石硫合剂，消灭越冬卵和初孵幼虫。越冬卵孵化后，抓住低龄若虫期，及时进行药剂防治，常用药剂有45％马拉硫磷乳油、2.5％溴氰菊酯乳油、5％顺式氯氰菊酯乳油，效果较好的还有新烟碱类药剂，如10％吡虫啉粉剂、3％啶虫脒乳油等。

2. 葡萄粉蚧

（1）危害症状

葡萄粉蚧主要以成虫、若虫危害枝叶、果实，除刺吸葡萄汁液，减弱树势外，虫体常排出无色黏液，污染果实、叶片，影响光合作用和葡萄品质，引起霉菌寄生，严重影响葡萄的质量和经济价值。此外葡萄粉蚧对葡萄的另一个重要影响是传播葡萄卷叶病毒。

（2）发生规律

通常情况下，葡萄粉蚧的越冬代在5月中旬至6月初发育成熟，雌虫交配后在老树皮中产卵。第1代葡萄粉蚧在6月中旬至7月孵化，然后逐渐爬至藤蔓、果实或树叶上取食，因此7—9月是葡萄粉蚧危害的主要时期，有世代重叠现象。

（3）防治方法

对引进苗木加强检疫和消毒。加强栽培管理，合理修剪，增强树势。冬季清园，刮去老皮，清除皮下产的卵。春季及时除萌蘖，葡萄粉蚧的越冬基数就会大大减少。葡萄粉蚧的自然天敌较多，如跳小蜂、黑寄生蜂等。

选择高效、低毒、内吸性强的农药，主要抓住 3 个时期施药：一是早春越冬若虫活动期，防治重点是前一年遗留葡萄粉蚧的一年生枝条及叶片背面；二是第 1 代若虫孵化盛期；三是秋季葡萄采收、修剪期。早春和秋季防治用药可选用 48％乐斯本乳油，第 1 代若虫防治可选用 1.8％阿维菌素乳油、25％噻虫嗪水分散粒剂等。

3. 透翅蛾

（1）危害症状

初孵幼虫直接蛀入新梢的髓部组织，水分和养分向上输送困难或中断，导致叶片变黄，引起落花落果，轻则树势衰弱，产量和品质下降，重则致使大部分枝蔓干枯，甚至全株死亡。被害枝蔓逐渐膨大，形成瘤状，蛀孔外有褐色粒状虫粪。蛀孔有虫粪排出是该虫重要的危害特征。

（2）发生规律

1 年发生 1 代，以老熟幼虫在葡萄枝蔓内越冬。幼虫共 5 龄，初龄幼虫蛀入嫩梢，蛀食髓部，使嫩梢枯死。7 月中旬至 9 月下旬，幼虫多在二年生以上的老蔓中危害。10 月以后幼虫向老蔓和主干集中，蛀食髓部及木质部内层，使孔道加宽，并刺激危害处膨大成瘤，形成越冬室。

（3）防治方法

5—6 月成虫始盛期后 10d 左右，树冠喷药杀初孵幼虫和卵，需将药液喷到枝蔓上，可选用 50％杀螟松乳剂或 50％辛硫磷乳剂等。对不宜剪除的粗蔓，可用铁丝由排粪孔刺杀幼虫，还可用 50％敌敌畏乳油浸透的小棉球，或磷化铝片（1/4～1/3 片），或 56％～58％磷化铝可塑性丸剂塞入蛀孔，再用湿泥封闭孔口，熏杀幼虫。

4. 葡萄根瘤蚜

（1）危害症状

危害美洲系葡萄品种时，它既能危害叶片也能危害根系，叶片受害后在叶背形成许多粒状虫瘿，根系受害，以新生须根为主，主根也会受害，须根受害后在端部形成小米粒大小、呈菱形的瘤状结，主根受害后形成较大的瘤状凸起。危害欧洲系葡萄品种，主要使根部受害，症状与美洲系品种相似，但叶片一般不受害。在雨季根瘤常发生溃烂，并且皮层开裂、剥落，维管束遭到破坏，根系腐烂，影响水分和养分的吸收和运输。受害树体树势明显衰弱，提前黄叶、落叶，产量明显下降，严重时植株死亡。

（2）发生规律

根瘤蚜的繁殖能力极强，在敏感品种上孤雌生殖，每个雌虫可产卵 200 余粒。生存繁殖世代受土壤温度影响，土温 24～26℃ 为根瘤蚜生存繁殖的适宜温度。根瘤蚜冬季以卵和 1 龄若虫在根系皮层下越冬，能忍受－8℃ 左右的低温。

（3）防治方法

预防根瘤蚜侵染的主要途径是切断苗木传播，禁止从疫区调动苗木。已经发生根瘤蚜侵染的区域可采用烟碱类杀虫剂结合柠檬烯助剂浇灌，但只能暂时缓解树势衰退。根本方法是采用抗根瘤蚜砧木进行嫁接栽培，常用的抗根瘤蚜砧木有 S04 和 5BB。

5. 根结线虫

（1）危害症状

葡萄树地上部生长迟缓，树体矮小，萌芽推迟，叶片黄化、小，开花延迟，花穗短，花蕾少，果实小。根系受到根结线虫危害后，侧根和须根形成大量瘤状根结，使根系生长不良，发育受阻，侧根、须根短小，输导组织被破坏，吸水吸肥能力降低。

（2）发生规律

根结线虫以雌虫、卵和 2 龄幼虫在葡萄及其他寄主病残根和根际土壤内越冬。翌年春季温度回升时，以 2 龄幼虫侵染新生侧根、须根，形成新的瘤状根结。4 月上中旬至 5 月中旬为盛发期，通过病苗、流水、病土、病株残根、人畜作业带病等传播。地表以下 5～20cm 平均地温低于 10℃ 或超过 36℃，根结线虫很少侵染，22～30℃ 是根结线虫侵染危害的适宜温度。土质疏松、沙土地发病重，黏土地发病较轻。

（3）防治方法

严格检疫，不从病区引进苗木，确须引进苗木的情况下，应对苗木严格消毒，一般用 50℃ 的热水浸泡 10min。不在发病果园中育苗，新植园应种植无病苗。选择园地时，前作作物避开番茄、黄瓜、落叶果树等线虫良好寄主，使用抗性品种或砧木。做好清园工作。发现带病株后，应及时拔除病株集中烧毁，根区土壤宜挖除长、宽 20cm，深 10～15cm，拿出园外深埋，病株坑用石灰消毒。混种间作，秋季于寒露前后，在葡萄果园行间种植葱、蒜、茼蒿等，发病程度可明显减轻。翻晒病田，在高温季节，可把病区的土层浅翻 10～15cm，暴露在阳光下，杀死土壤表层部分线虫和卵，减轻危害。

第九章

葡萄生理病害和自然灾害

一、常见生理病害的发生及防治

葡萄生理病害是指因栽培和生理性原因造成的非侵染性病害。由于各地自然条件的不同和栽培水平的差异，生理病害在葡萄生产中经常发生，防治葡萄生理病害已成为提高葡萄产量和品质的重要途径。常见的葡萄生理病害主要有以下几种：

1. 葡萄水罐子病

（1）症状

葡萄水罐子病亦称转色病、水红粒，主要表现在果粒上，一般在果粒进入转色期后表现症状。发病后有色品种明显表现出着色不正常，色泽变淡；白色品种表现为果粒呈水泡状。病果果肉变软、含糖量降低，味酸，果肉与果皮极易分离，用手轻捏，水滴成串溢出，故名水罐子病。发病后果柄与果粒处易产生离层，果粒极易脱落。

（2）发病原因

该病主要是由于营养失调或营养不足所致，一般树势弱、摘心重、肥水不足、结果过多、有效叶面积不足时容易引起该病发生。地下水位高，葡萄成熟期遇到降水较多，尤其是高温过后遇降水，田间不能及时排水，形成高温高湿小气候，也容易引起该病的发生。

（3）防治方法

加强土壤管理，增施有机肥，根外喷施磷、钾肥，适时适量施用氮肥。控制负载量，增加叶果比，提高树体营养水平。合理修剪，尽量少留或不留副穗，结果枝留一穗果至少有 16 片以上叶片，以改善果穗营养状况。在留二次果的情况下，二次果常与一次果争夺养分，常导致水罐子病发生，采用一枝留一穗的办法可避免该病的发生。排灌水要通畅，保障果园水利设施通畅，做到科学灌水、及时排水。

2. 葡萄日灼病

（1）症状

果粒发生日灼时，果面生淡褐色近圆形斑，边缘不明显，果面先皱缩后逐渐凹陷，严重的变为干果。卷须、新梢尚未木质化的顶端幼嫩部位也会遭受日灼伤害，导致梢尖或嫩叶萎蔫变褐。

（2）发病原因

幼果膨大期强光照射和温度剧变是发生日灼病的主要原因。果穗在缺少遮阳的情况下，受高温、阳光直接照射的影响，果粒幼嫩的表皮组织水分失衡发生灼伤，或是渗透压高的叶片与渗透压低的果穗争夺水分造成灼伤。

（3）防治方法

易发生日灼的品种，夏剪时在果穗旁边多留叶片，以遮盖果穗，有条件的可搭建遮阳网。尽早进行果穗套袋，但要注意果袋的透气性，对透气性不良的果袋，可剪去袋下方的一角，促进透气。在气候干旱、日照强烈的地方，应改篱架栽培为棚架栽培，以预防葡萄日灼病的发生。增施有机肥，避免偏施氮肥，增强树势，能够减少该病的发生。

3. 葡萄裂果病

（1）症状

主要发生在果实近成熟期。果粒呈纵向开裂，有时露出种子。裂口处易感染霉菌或腐烂，失去经济价值。

（2）发病原因

主要由于生长后期土壤水分变化过大，果实膨压骤增所致。尤其是葡萄生长期比较干旱，近成熟期遇到大雨或大水漫灌，根从土壤中吸收水分，使果实膨压增大，导致果粒纵向开裂。地势低洼、土壤黏重、灌溉条件差、排水不良的地区发病重。

（3）防治方法

增施有机肥或施用腐熟的堆肥，疏松土壤，适时适量灌水、及时排水，避免水分变化过大，生长后期要防止大水漫灌。适当疏果，保持适宜的坐果量。疏果后套袋，于采收前 20d 左右摘袋，以促进果实上色，可有效防止裂果。

4. 缺氮症

（1）症状

从下部叶片开始失绿黄化，叶小而薄，易发生早期脱落；新梢生长缓慢，枝蔓细弱，节间短；植株矮小，果穗松散，成熟期不齐，大量落花落果，产量降低。

（2）发病原因

土壤肥力差、缺乏有机质，管理粗放、杂草丛生易引起缺氮。7—8 月叶片氮含量低于 1.3% 时，即缺氮。

（3）防治方法

根施氮肥，结合施有机肥，每亩施尿素 30～50kg。生长期追施适量氮肥，应以速效氮肥为主，果实成熟前控制氮肥，采收后适量根施速效氮肥。叶面喷肥，常用叶面肥有尿素、硫酸铵、硝酸铵等，其中以尿素效果较好，常用的为0.2%～0.5%尿素溶液。

5. 缺磷症

（1）症状

叶片发病先从基部老叶开始，逐渐向上部新叶发展。叶片变小、无光泽，向上卷曲，出现红紫斑；副梢生长衰弱，花穗柔嫩，花梗细长，易落花落果；果实成熟迟，着色差，含糖量低；萌芽晚，萌发率也低。

（2）发病原因

葡萄从萌芽开始吸收磷，到果实膨大期以后吸收逐渐减少，进入成熟期几乎停止吸收。在果实膨大期，原贮藏在茎、叶中的磷大量转移到果实中。果实采收以后，茎、叶内的磷含量又逐渐增加。葡萄叶片中磷（P_2O_5）含量低于0.14%时为缺乏，0.14%～0.41%为适量，叶柄中磷（P_2O_5）含量低于0.1%时为缺乏，0.10%～0.44%为适量。

（3）防治方法

增施腐熟有机肥，促进葡萄根系对磷的吸收；酸性土壤施用生石灰，调节土壤pH，以提高土壤磷的有效性；根施磷肥，开花前每亩施磷肥20～40kg，以促进花穗发育，促进坐果；果实着色、枝条成熟期，每亩可施磷肥20～40kg，促进果实着色、增加果实含糖量和促进枝条充实；采收后，每株成龄树一般施过磷酸钙0.5～1kg，与其他肥料一同深施于树盘内或施肥沟内即可。

叶面追肥，常用的有磷酸铵、过磷酸钙、磷酸钾、磷酸二氢钾等。常用浓度为0.2%～0.3%磷酸二氢钾溶液、0.5%～2.0%过磷酸钙浸出液。一般幼果膨大期每7～10d喷施1次，共喷2～3次。

注意磷过量会阻碍葡萄树对其他营养元素的吸收，诱发缺锌、缺铁等症状。

6. 缺钾症

（1）症状

叶片发病，基部老叶边缘和叶脉失绿黄化，发展成黄褐色斑块，严重时叶缘呈烧焦状；植株矮小，枝蔓发育不良，脆而易断，抗性降低；果粒小而少，味酸，着色不良，果皮易裂，果梗变褐，成熟不整齐，易落果。

（2）发病原因

葡萄缺钾多出现在旺盛生长期。土壤速效钾含量在40mg/kg以下时发病严重。一般细沙土、酸性土以及有机质含量少的土壤上种植的葡萄易发生缺钾症。

（3）防治方法

增施有机肥或沤制的堆肥，每株葡萄树施草木灰 500～1 000g，或每亩施 50％硫酸钾 50kg，分 2 次施，第 1 次在花后 20d，第 2 次在硬核前，采用沟施或穴施。也可每亩施氯化钾 100～150g，或叶面喷施 3％草木灰浸出液、0.2％～0.3％硫酸钾溶液、0.2％～0.3％磷酸二氢钾溶液。注意钾肥不宜过量，否则会引起缺镁症。

7. 缺钙症

（1）症状

葡萄缺钙，叶色变淡，幼叶脉间及叶缘褪绿，随后在近叶缘处有针头大小褐色斑点，后叶缘焦枯，叶片向下卷曲，新梢顶端生长点枯死；新根短粗、弯曲，根尖易变褐枯死；花朵萎缩，果实含糖量少，味淡，果粉少，不耐贮藏。

（2）发病原因

土壤中钾、铵、钠、镁等离子过多，阻碍了葡萄对钙的吸收易引起缺钙；空气相对湿度小、水分蒸发快，土壤干旱，土壤溶液浓度大，这些情况都不利于葡萄对钙的吸收，易引起缺钙症。

（3）防治方法

适量灌溉，保证水分充足。每亩根施生石灰 75～100kg 或草木灰 200～300kg。叶面喷施 2％过磷酸钙浸出液或 0.3％氯化钙水溶液。注意避免一次性施用大量钾肥和氮肥。

8. 缺镁症

（1）症状

蔓基部老叶从叶缘开始逐渐向内失绿黄化，叶脉发紫，脉间失绿呈黄白色，部分灰白色；中部叶片叶脉绿色，脉间黄绿色；上部叶片水渍状，后形成较大的坏死斑块。果实着色差、成熟推迟、含糖量低，但果粒大小和产量变化不大。

（2）发病原因

主要是由于有机肥不足或质量差，导致土壤中可置换性镁不足而引起的。酸性土壤中镁较易流失，施钾肥及生石灰过多影响植株对镁的吸收，造成缺镁。尤其是夏季大雨过后，缺镁更为显著。

（3）防治方法

定植时要施足优质有机肥。施叶面肥，在葡萄开始出现缺镁症时，叶面喷 3％～4％硫酸镁溶液，隔 20～30d 喷 1 次，共喷 3～4 次。缺镁严重土壤，每亩施硫酸镁 100kg。也可开沟施入硫酸镁，每株 0.9～1.5kg，连施 2 年，可与有机肥混施。注意缺镁严重的葡萄园应适量减少钾肥的施用量，提倡平衡施用氮、磷、钾、镁肥。

9. 缺铁症

（1）症状

新生叶片叶脉间失绿，逐渐发展至整个叶片呈黄绿色至黄色，但叶脉仍为绿色，严重时由病梢叶片开始，从上至下叶片呈黄白色至白色，上有褐色坏死斑，叶片呈灼烧状，最后干枯死亡。新梢生长缓慢，花穗及穗轴变为浅黄色，坐果少，果粒色浅、小，发育不良。

（2）发病原因

铁可以促进多种酶的活性，缺铁时叶绿素的形成受到影响使叶片褪绿。铁以氧化物、氢氧化物、磷酸盐、硅酸盐等化合物存于土壤中，分解后释放出少量铁离子或复合有机物被根吸收。但有时土壤中不一定缺铁，而是土壤状况限制根吸收铁，如黏土、土壤排水不良、土温过低或土壤含盐量增多都容易引起铁的供应不足。尤其是春季寒冷、湿度大或晚春气温突然升高，新梢生长速度过快易引起缺铁。

（3）防治方法

加强栽培管理，早春浇水要设法延长水流距离，以提高水温和地温。增施有机肥，及时松土，降低土壤含盐量。调节土壤酸碱度，使土壤 pH 达到 6～6.5。叶面喷 0.1%～0.2%硫酸亚铁溶液，隔 15～20d 喷 1 次。可用硫酸亚铁溶液涂抹枝条，使用浓度为每升水加硫酸亚铁 179～197g，修剪后涂抹顶芽以上部位。

10. 缺硼症

（1）症状

葡萄缺硼时，植株矮小，副梢生长弱，节间变短，顶端生长点易萎缩枯死；新梢顶端的幼叶出现淡黄色小斑点，叶片明显变小、增厚、发脆、皱缩、向下弯曲，叶缘出现失绿黄斑，随后连成一片，使叶脉间的组织变黄色，最后变褐色枯死；花穗附近的叶片出现不规则淡黄色斑点，并逐渐扩展，重者脱落；花穗小，花蕾少，开花时花冠常不脱落或花期落花落果严重，果穗中无籽小果增多；根系分布浅，易死根。

（2）发病原因

葡萄缺硼症的发生与土壤结构、有机肥施用量有关。在缺乏有机质的瘠薄土壤或土壤干旱地区缺硼现象较为严重。土壤 pH 高达 7.5～8.5 或易干燥的沙性土上容易发生缺硼症。根系分布浅或受线虫侵染，破坏根系吸收功能，也容易发生缺硼症。

（3）防治方法

增施优质有机肥，改良土壤结构，增加土壤肥力。适时浇水，提高土壤可溶性硼的含量，以利植物吸收。土壤施硼，结合秋施基肥，每株树追施硼砂或硼酸 50g，以补充硼的不足。叶面喷硼，花前一周、盛花期连续喷施 2 次 0.1％～0.3％硼砂（或硼酸）溶液。

11. 缺锰症

（1）症状

主要是幼叶先出现症状，新梢基部叶片变浅绿色，然后叶脉间出现较小的黄色斑点，黄斑逐渐增多，并为绿色叶脉所限制。缺锰会影响新梢、叶片、果粒的生长与成熟。与缺镁症不同的是缺锰时褪绿部分与绿色部分界限不清晰，叶片上也不出现变褐坏死斑。

（2）发病原因

锰对植物的光合作用和碳水化合物代谢有促进作用。缺锰会阻碍叶绿素形成，影响蛋白质合成，植株出现褪绿黄化的症状。酸性土壤一般不会缺锰，但黏重、通气不良、地下水位高、pH 高的土壤易缺锰。

土壤中的锰来源于铁锰矿石的分解，氧化锰或锰离子存在于土壤溶液中并被吸附在土壤胶体内，土壤 pH 影响植株对锰的吸收，在酸性土壤上，植株吸收锰增多。分析表明，叶柄含锰 3～20mg/kg 时，会显现缺锰症状。

（3）防治方法

增施有机肥，改善土壤。及时用 0.1％～0.2％硫酸锰溶液（加半量生石灰）喷洒叶面，方法为在 13L 水中溶解 400g 硫酸锰，再称取 200g 生石灰，用少量热水化开，加水至 13L，充分搅拌，将此石灰液加入到硫酸锰溶液中并搅拌，最后加水至 130L，可喷布 1 亩葡萄园的叶片。通常在开花前喷 2 次，间隔 7d。

12. 缺锌症

（1）症状

新梢顶端叶片狭小失绿，叶片基部开张角度大，边缘锯齿变尖，叶片不对称。新梢节间缩短，有的品种表现为果穗松散、少籽或无籽、果粒小、有大小粒现象。在沙壤土、碱性土上或贫瘠的山坡丘陵果园中容易发生缺锌症。

（2）发病原因

碱性土壤中的锌常呈难溶解状态，不易被吸收，造成葡萄缺锌。沙质土由于雨水冲刷易导致锌流失，土壤内含锌量低引起葡萄缺锌。去掉表土的土壤易缺锌。由于大多数土壤能固定锌，所以葡萄虽然需锌很少（每亩约 37g），却难以从土壤中获取。白玫瑰香、绯红等品种易缺锌。

（3）防治方法

加强管理，在沙地和盐碱地增施腐熟有机肥。葡萄缺锌时，于剪口处涂抹硫酸锌溶液。结合施有机肥，亩施 100kg 硫酸锌，若因缺镁、缺铜引起缺锌，同时施用含镁、铜、锌的肥料效果好。花前 2～3 周或发现缺锌时可用 0.05%～0.1%硫酸锌溶液喷洒叶面，喷施浓度切忌过高，以免产生药害。在开花前 1 周或发现缺锌时，用 0.1%～0.2%硫酸锌溶液喷洒叶面作为补救措施。

二、常见自然灾害

（一）高温伤害

高温对植株的伤害，也称为热害或日灼。日灼既属于生理性病害，也属于自然灾害。果实受害，果面出现浅褐色的斑块，后扩大，稍凹陷，成为褐色、圆形、边缘不明显的干疤。受害处易遭受炭疽病的危害。果实着色期至成熟期停止发生。高温可以造成物理伤害，还会使植株新陈代谢失调，致使光合作用和呼吸作用失调，不利于植株生长发育，造成很多北方树种、高寒树种在南方生长不良，存活困难。

对易发生高温伤害的品种，夏季修剪时，在果穗附近多留些叶片或副梢，为果穗遮阳。合理施肥，控制氮肥施用量，避免植株徒长加重高温伤害。雨后注意排水，及时松土，保持土壤的通透性，有利于树体对水分的吸收，可有效减轻高温伤害。

（二）霜和霜冻

霜是贴近地面的空气受地面辐射冷却的影响而降温到霜点，即气层中地物表面温度或地面温度降到 0℃以下，所含水汽的过饱和部分在地面一些传热性能不好的物体上凝华成的白色冰晶。霜的结构松散，一般在寒冷季节夜间到清晨的一段时间内形成，形成时多为静风。霜在洞穴里、冰川的裂缝口和雪面上有时也会出现。

霜冻是一种较为常见的农业气象灾害。霜冻与气象学中的霜在概念上是不一样的，前者与作物受害联系在一起，后者仅仅是一种天气现象（白霜）。发生霜冻时若空气中水汽含量少，就可能不会出现白霜。出现白霜时，有的作物也不会发生霜冻。

霜冻对葡萄的危害：树体内部细胞与细胞之间的水分，当温度降到 0℃以下时就开始结冰，同时体积发生膨胀使细胞受到压缩，细胞内部的水分被迫向胞外渗透。当细胞失掉过多的水分后，它内部原来的胶状物就逐渐凝固。

（三）冰雹

冰雹在某些地区发生比较频繁，近年来有加重的趋势，给果农造成严重损失，甚至导致绝收。冰雹多发期主要在夏季7—8月，此时果树正处于幼果发育期，降雹会直接砸伤砸落幼果，造成果实表面坑洼不平、千疮百孔，易受病害侵染，影响果实外观和内在品质。降雹还会砸伤叶片和新梢，影响树体的光合作用和花芽分化，严重时砸伤树皮，造成二次发芽，导致树势衰退，影响翌年生长结果，且腐烂病易发生。

果园预防冰雹危害的最有效办法就是建立防雹网，尽管一次性投资较大，但可以连续使用几年，对于冰雹频发的地区还是很合算的，不仅能防冰雹危害，同时还可减轻鸟类对果实的危害。在降雹期及时收听天气预报，有条件的地区可以采用火箭、高射炮等轰击雹云增温，化雹为雨。

没有防雹网的果园受灾后，应及时喷布80%代森锰锌可湿性粉剂800倍液，或68.75%噁唑菌酮水分散粒剂1 000倍液，或70%甲基硫菌灵可湿性粉剂800倍液加1.8%复硝酚钠，并迅速在树盘内追施速效氮肥或磷酸氢二铵，使树体光合作用增强，尽快恢复长势。

（四）风害

风害在西北地区发生较重，大风会使葡萄受到机械损伤，严重时会将葡萄架打翻，导致大量减产，给葡萄园带来极大损失。

选择园地时尽可能避开风口等地块，另外预防风害也要采取一定的措施。可以通过建造防风林降低风速，还可以将枝蔓、新梢均匀地固定在架面上，从而减轻风害对葡萄园的影响。

三、 鸟害

一些杂食性鸟类啄食葡萄果实，不仅直接影响果实的产量和质量，而且会导致病原菌在被害果实的伤口处大量繁殖，使许多正常果实生病。鸟类危害已成为影响葡萄生产的一大问题，调查显示，露地栽培葡萄遭受鸟害后，减产可达30%以上。

（一）鸟类对葡萄生产的影响

鸟类活动对葡萄生产的影响，在不同地区随着鸟类的不同有不同的表现。

1. 啄食刚萌动的芽苞或刚呈现的小花穗

早春时节，一些小型鸟类如麻雀等常啄食刚萌动芽苞或刚伸出的花穗。

2. 啄食葡萄果粒

很多鸟类喜欢啄食成熟葡萄果粒，有的将果粒啄烂，有的将果粒啄走，有的啄食果肉使种子外露干缩，从而使整个果穗商品质量严重下降，并诱发白腐病等病害，鸟害不仅在露地栽培中常常发生，而且近年来在设施栽培中也常发生鸟类从通风孔进入，危害成熟果实的事例。鸟类啄食葡萄果实和种子对一些开展杂交育种的科研单位影响较严重。

3. 影响葡萄制干

葡萄制干过程中，鸟类进入晾房，啄食尚未完全晾干的葡萄，不仅影响葡萄干的质量，而且影响葡萄干的卫生状况。

在鸟类数量较少、葡萄栽培面积较大时，鸟类对葡萄生产的影响尚不十分突出，而当鸟类数量较多、栽培面积较小时，这种影响就十分突出。近年来，常有国内一些科研、生产单位因鸟害造成科研和生产严重损失的报道。

(二) 葡萄园中常见鸟的种类及其危害特点

我国南北方葡萄园中活动的鸟类有 20 余种，它们主要是山雀、麻雀、山麻雀、画眉、乌鸦、喜鹊、灰喜鹊、云雀、啄木鸟、戴胜、斑鸠、野鸽、雉鸡、八哥、相思鸟、白头翁、小太平鸟、黄莺、灰椋鸟、水老鸹等。我国各地葡萄园中鸟种类的地域性差异十分明显，在北方，麻雀、喜鹊是危害葡萄较为主要的鸟类。

(三) 鸟害发生的特点

1. 品种

葡萄鲜食品种遭受鸟害要比酿酒品种严重。在鲜食品种中，早熟和晚熟品种中红色、大粒、皮薄的品种受害明显较重。凤凰 51、京秀、乍娜早熟品种果实受害率为 65%～75%，晚熟品种红地球果实受害率为 35%。

2. 栽培方式

采用篱架栽培时鸟害明显重于棚架，而在棚架上，外露的果穗受害程度又较内膛果重。套袋栽培葡萄园的鸟害程度明显减轻，减轻程度与果袋质量有直接关系，因此应注意选用质量好的果袋。

3. 季节

一年中，鸟类在葡萄园中活动较多的时期是果实上色至成熟期，以及发芽初期和开花期。一天中，黎明和傍晚是 2 个明显的鸟类活动高峰期。

4. 地域

树林旁、河水旁和土木建筑为主的村舍旁，鸟害较为严重，因这些地方距鸟类的栖息地、繁衍地较近，因此鸟害十分严重。

(四) 防护对策

对鸟害采取防护对策与葡萄病虫害防治截然不同，在保护鸟类的前提下减轻鸟类活动对葡萄生产的影响是根本指导方针，这一点已在世界各国得到共识和公认。近年来，欧美一些国家已将超声波、微型音响系统、自控机器人、网室等驱避鸟类的新技术用于果园鸟害的预防，鉴于我国的实际情况和对多年的实践总结，目前适合我国葡萄园采用的防鸟措施主要有以下几种：

1. 果穗套袋

果穗套袋是最简便的防鸟害方法，同时也防病虫、农药、尘埃等对果穗的影响。但喜鹊、乌鸦等体型较大的鸟类，常能啄破果袋啄食葡萄，因此一定要用质量好的果袋。在鸟类较多的地区也可用尼龙网袋进行套袋，不仅可以防止鸟害，而且不影响果实上色。

2. 架设防鸟网

防鸟网既适用于大面积葡萄园，也适用于面积小的葡萄园或庭院。先在葡萄架面上 0.75~1.00m 处增设由 8~10 号铁丝组成的支持网架，网架上铺设用尼龙丝制作的专用防鸟网，防鸟网下垂至地面并用土压实，以防鸟类从旁边飞入。由于大部分鸟类对暗色分辨不清，因此应尽量采用白色尼龙网，不宜用黑色或绿色的尼龙网。在冰雹频发的地区，调整网格大小，将防雹网与防鸟网结合设置，是一个事半功倍的好措施。

3. 增设隔离网

大棚、日光温室进出口及通风口、换气孔应设置适当规格的铁丝网或尼龙网，以防止鸟类进入。

4. 改进栽培方式

在鸟害常发区，适当多留叶片遮盖果穗，并注意果园周围卫生状况，也能明显减轻鸟害发生。

5. 驱鸟

（1）人工驱鸟

鸟类在清晨、中午、黄昏 3 个时段危害果实较严重，果农可在此前到达果园，及时把来鸟驱赶到园外，15min 后应再检查、驱赶 1 次，每个时段一般需驱赶 3~5 次。

（2）音响驱鸟

将鞭炮声、鹰叫声、敲打声、鸟的惊叫声等用录音机录下来，在果园内不定时地大音量播放，以随时驱赶园中的鸟类。声音设施应放置在果园的周边和鸟类入口处，以利用风向和回声增大声音。

（3）置物驱鸟

在果园中放置假人、假鹰，或在果园上空悬浮画有鹰、猫等图案的气球，可短期内防止害鸟入侵。置物驱鸟最好和声音驱鸟结合起来，以使鸟类产生恐惧，起到更好的防治效果。同时使用这 2 种方法应尽早，一般在鸟类开始啄食果实前，以使鸟类迁移到其他地方筑巢觅食。

（4）反光膜驱鸟

地面铺反光膜，反射的光线可使害鸟短期内不敢靠近果树，也利于果实着色。

（5）烟雾和喷水驱鸟

在果园内或果园周边放烟雾，可有效预防和驱散害鸟，但应注意不能靠近果树，以免烧伤枝叶和熏坏果树。有喷灌条件的果园，可结合灌溉和暮喷驱鸟。

四、野生动物

（一）鼠兔类破坏

田鼠和野兔等动物在葡萄园中挖地洞，在地下将葡萄树根系咬断，另外野兔还会啃咬葡萄树幼枝、主干和离地面比较近的树皮等，给葡萄树生长造成破坏。防治措施主要有：①在田鼠和野兔经过的路上设置陷阱并将果园篱壁的铁网做成1m左右高。②周期性地在果园中放置灭鼠药。③在果园各处安放桶，然后在桶上放上风葫芦，每当刮风时风葫芦与桶产生振动，振动传到地下，田鼠最不喜欢在振动的土壤中安家，这样会将田鼠赶走。

（二）野生蜂的破坏

多种野生蜂会对葡萄造成破坏，小型蜂只会吸食汁液，但大型蜂会将果肉吃掉。山区葡萄园所受的破坏较为严重。

在酒瓶中灌进30%～40%引诱剂，将酒瓶在葡萄树周围呈40°～45°角悬挂。野生蜂和许多害虫会在3～5d填满瓶子，这时将瓶子里的东西倒掉，换上新的引诱剂。将用过的引诱剂和死蜂、死虫埋进土里，随便扔会招来很多蚂蚁。

引诱剂配方：水20kg、红糖3～5kg、米醋100～200mL、米酒2～4L，调匀即可。

第十章

葡萄采收与产后处理

一、葡萄贮藏前的商品化处理

(一) 采收

1. 成熟度的确定

采收是葡萄生产的最后一个环节，也是贮藏保鲜的第一个环节。葡萄采收成熟度涉及产量、品质及贮藏性。采收过早，不仅影响果粒的大小，也影响风味、品质和色泽，贮藏性下降；采收过晚，有的品种如巨峰葡萄，贮藏中易脱粒，风味易变化，贮藏期缩短。

葡萄采收要将果实可溶性固形物含量及糖酸比作为指标。有色品种的着色程度也可作为判断成熟度的指标之一。不同栽培地区、不同葡萄品种成熟度指标有差异。

果实成熟过程中的变化是果实体积、重量停止增长，达到品种特有的颜色，果皮角质层及果粉增厚，果实含糖量增加。清淡型品种如牛奶、乍娜、里查马特等，采收时含糖量为14%～16%，含酸量为0.4%～0.6%；一般品种如巨峰、龙眼、玫瑰香，采收时含糖量为16%～19%，含酸量为0.6%～0.8%。这样的葡萄不仅品质好，而且也耐贮。从穗梗、穗轴特征上看，果实进入成熟期以后，穗梗穗轴逐渐半木质化至木质化，色泽由绿变褐，蜡质层增厚。牛奶等品种成熟后穗梗颜色较绿，而多数品种如果在成熟期穗梗颜色仍为青绿色，则表明成熟不良，或是采收期未到，或是产量过高，此类果实均不耐贮藏。

日本第一主栽葡萄品种是巨峰。该品种采收时含糖量标准为17%以上，果色为蓝黑色，日本科研人员经多年研究，将该品种成熟度以色卡形式表示，即巨峰葡萄从开始上色后分为黄绿色、浅红色、红色、紫红色、红紫色、紫色、黑紫色、紫黑色、黑色、蓝黑色，共分10个色级。日本栽培葡萄都要疏花疏果，无论什么品种都在花期前后将果穗修整成圆柱形。具体做法是除去花穗上部的大分枝，保留花穗中下部的小分枝，以获得穗形整齐、大小均衡的果穗，果穗重为350～500g，果粒重为11～13g。

对欧美杂种，一般认为贮藏用的葡萄不宜采收过迟。据报道，延迟采收在日本十分普遍，这是延长鲜果供应期值得借鉴的举措。巨峰葡萄在日本长野县充分成熟期应为9月上旬。若采收后立即投放市场，过迟采收是可行的。但从贮藏角度看，欧美杂种采收过迟，会明显缩短贮藏期，而对中短期贮藏无明显影响。据日本长野县的经验，充分成熟的果实（9月上旬采收）与延迟采收的果实（1月上旬采收），贮藏2～3个月后分别检查，其鲜度指数无明显差异。这与我国普遍早采收、早贮藏的习惯形成鲜明对比。红地球葡萄是我国仅次于巨峰的贮藏品种，是极晚熟品种，在我国北方地区的采收期一般为9月下旬至10月上旬。采收时的质量指标应为果实鲜红色、果粒重12g以上或横径26mm以上，果实可溶性固形物含量在16％以上。

2. 采收方法

葡萄果实鲜嫩多汁，采收过程中易被碰坏、压破等，这会促使葡萄在贮藏过程中腐烂。果实表面的果粉是影响葡萄外观品质的重要因素，因此在采收及采后的加工处理过程中，都应注意。

葡萄主要采用手工采收。具体做法是在采收时，用一只手托住果穗，另一只手用剪刀将果穗从藤上剪下。剪下的果穗可采用以下2种方法装箱。一是直接修整装箱，左手提起果穗，轻轻转动，剪掉腐烂、有病、不成熟、畸形的果粒，装入内衬葡萄专用保鲜袋的保鲜箱中。修整时要注意剪刀不伤及好的果粒。生产上也有用右手摘去病果、虫果、不成熟果粒的方法，此方法虽然简单，却会残留下果实汁液及果刷，在贮藏过程中易发霉，易增加果实的腐烂率，易伤及周围的果粒。也可以采后集中修整装箱，剪下的果穗先放入篮子或筐里，篮子或筐中要放布、纸或其他柔软物品，防止果穗受到摩擦或划伤，并在葡萄园中选择阴凉通风处，在地上铺干净的薄膜作为葡萄集中修整装箱场地。

3. 采收时的注意事项

（1）避免机械伤口

减少伤口，避免致病微生物入侵。伤口是导致葡萄腐烂的最主要原因。自然环境中有许多致病微生物，绝大多数是通过伤口侵入。此外，伤口可不同程度地刺激葡萄呼吸作用增强，一方面使葡萄袋中的湿度提高，另一方面促使保鲜剂的释放速度加快，均不利于贮藏。

（2）选择适宜的采收时间

阴雨天气、露水未干或浓雾时采收，容易造成机械损伤，加上果实表面潮湿，有利于致病微生物侵染。在高温天的中午和午后采收，果实温度高，呼吸、蒸腾作用旺盛，也不利于贮藏。所以，应选择晴朗的天气采收葡萄，在露水干后的上午及下午15时以后采收最好。降水时应延迟采收，至少推迟1周左右。

（3）选择松紧度适宜的紧凑果穗

过紧的果穗在贮藏中因果穗中心部位湿度大、温度高，易被霉菌侵染导致"烂心";过松的果穗易出现失水干梗现象。因此，要求果粒及果穗大小均匀，上色均匀，充分成熟，凡穗形不整齐、果粒大小不均匀的果穗，不能贮藏。

（4）分期采收

同一株葡萄树上的果穗成熟度不同，为了保证葡萄的品质和便于入库后快速降温，应分期分批采收。

下列葡萄不能入贮：一是高产园、氮肥施用过多、成熟不充分的葡萄，以及可溶性固形物含量在15％以下的葡萄和有软尖、有水罐病的葡萄；二是采前浇水或遇大雨采摘的葡萄；三是灰霉病、霜霉病及其他果穗病较重的葡萄园的葡萄；四是遭受霜冻、水涝、风灾、雹灾等自然灾害的葡萄；五是成熟期使用乙烯利催熟的葡萄。

（二）分级

1. 分级的目的和意义

目前，我国果品已经进入品质时代，分级销售，实现优质优价，是销售商和消费者共同的需要。分级销售还可以满足不同用途的需要，减少损耗，便于包装、运输与贮藏，可以提高产品的市场竞争力。

2. 分级标准

葡萄分级的参考项目包括果粒大小、果穗整齐度、果穗形状、果形、色泽、可溶性固形物含量、总酸含量、机械伤、药害、病害、裂果等。

葡萄果实分级是葡萄商品化生产中的重要环节，是价格衡量的标准。目前我国葡萄分级尚无统一的国家标准，大部分根据果穗外观（果穗大小与松紧度）、果粒大小及成熟度、着色、含糖及含酸量进行分级。

日本对巨峰葡萄的采收要求是每个果穗以400g左右为宜，变化幅度为300～500g。巨峰果实质量分级以果粒大小为标准，前提是无论任何等级的巨峰，必须达到如下基本标准：果实含糖量在16％以上，果皮色泽达到蓝黑色，在此基础上，13g以上的大果粒为特级果，通常用规格为1kg的小盒精细包装；12g果粒为一级果；11g左右的果粒为一般果。日本对玫瑰香的采收分级标准是：以果穗大小分级，符合小粒型品种特点，花期前后均经赤霉素处理，实现无核化，果粒差异较小，要求无论大穗、小穗含糖量要达到19％，含酸量以pH表示，pH达到3以上才能采收。

（三）包装

1. 包装的作用

葡萄果实含水量高，果皮保护性差，容易受机械损伤和致病微生物侵染。

因此，葡萄采后易腐烂，降低商品价值和食用品质。良好的包装可以保证产品安全运输和贮藏，减少货品之间的摩擦、碰撞和挤压，避免造成机械伤，防止产品受到尘土和致病微生物等不利因素的污染，减少水分蒸发，减少因外界温度剧烈变化引起的货品损失。包装可以使葡萄在流通中保持良好的质量稳定性，提高商品率和卫生质量。合理的包装有利于葡萄货品标准化，有利于贮藏过程中机械化操作和减轻劳动强度，有利于合理堆放。单层包装箱和单果穗包装是鲜食葡萄包装的发展方向。

2. 包装容器的要求

包装容器应具备可靠的保护性，在装卸运输和堆放过程中有足够的机械强度；有一定的通透性以利于产品散热和气体交换；有一定的防潮性，防止吸水变形引起产品腐烂。包装容器还应该清洁、无污染、无异味、无有害化学物质；内壁光滑、卫生、美观；重量轻、成本低、易取材、易回收及处理。包装容器外面应注明商标名、等级、重量、产地、特定标志及包装日期。

3. 葡萄包装种类和规格

目前，葡萄包装的种类很多，市场上常见的有泡沫箱、纸箱、塑料箱和木箱等。泡沫箱具有保温性好、缓冲性好的特点，比较适合运输保鲜用，但是，贮藏前期易出现果温高的现象，这是很多冷库用泡沫包装箱贮藏红地球葡萄失败的主要原因之一。该包装箱用于运输保鲜时，箱上应打孔，以利于葡萄产生的呼吸热迅速散出。泡沫箱、木箱以及塑料箱普遍存在不能折叠、仓贮麻烦的问题。纸箱则有其他包装容器所没有的可以折叠的优点，便于管理，便于运输。纸箱还具有一定的缓冲性，有抵抗外来冲击保护葡萄的作用，可以印刷标志，可起到广告的作用。木箱和塑料箱耐压力强、透气性好，但缓冲性稍差，在运输或搬运过程中易发生机械伤。

研究发现，用聚苯乙烯泡沫箱和纸箱在同样的条件下运输红地球和秋黑葡萄，先将葡萄预冷到 0℃，在外界温度为 18～25℃的条件下用汽车进行保温运输，7d 后聚苯乙烯泡沫箱中的温度比纸箱内的温度低 3～5℃，而且泡沫箱表现较好的耐压能力，因此运输保鲜效果明显好于纸箱。

我国葡萄包装原以筐装为主，大筐装葡萄 25kg 以上，中等筐装葡萄 20kg 左右。20 世纪 80 年代后，普遍改用纸箱包装，一般为多层包装箱，内装葡萄 10kg 左右。到了 20 世纪 90 年代，单层包装箱开始用于葡萄包装，如张家口地区的牛奶葡萄包装就用了单层包装箱。

目前市场上的葡萄包装容器以纸箱的应用最为广泛，纸箱规格为 1～5kg，板条箱、硬质塑料箱规格为 5～10kg。目前，我国用于冷藏的葡萄通常采用无毒的塑料袋（保鲜袋）＋防腐剂贮藏，塑料薄膜主要有聚乙烯和无毒聚氯乙烯 2 种，厚度一般为 0.03～0.05mm。

4. 包装方法与要求

(1) 装箱的方法

采后的葡萄应立即装箱，集中装箱时应在冷凉环境中进行，避免风吹、日晒和雨淋。装箱后葡萄在箱内应该呈一定的排列形式，防止其滑动和相互碰撞，而且能通风透气，要充分利用容器的空间。

目前，葡萄装箱有3种方式：第1种是穗梗朝上，每穗葡萄按顺序轻轻地摆放在箱内，这种方式操作方便，日本以单穗包装的葡萄在单层包装箱内的摆放，多属于这种方式；第2种是整穗葡萄平放在箱内；第3种是穗梗朝下摆放。我国葡萄在箱内摆放大多采用后2种方式。在不进行整穗的情况下，葡萄穗形多以圆锥形为主，大小不齐，松散不一，此时只能采取平放或倒放的方式，采用双层或者一层半的包装箱。

(2) 装箱量

要避免装箱过满或过少造成损伤。装箱量过大时，葡萄相互挤压，过少时葡萄在运输过程中相互碰撞，因此装箱量要适度。有研究发现100％的装箱量有利于葡萄的长途运输，85％的装箱量葡萄腐烂率明显增加。葡萄是不耐压的水果，包装容器内应加支撑物或衬垫物，以减少货品震动和碰撞。日本高档巨峰果包装是在小纸箱底部垫6mm的软质泡沫塑料，再垫一张软纸，而山形县产的意大利葡萄每穗分别包装，用一个一面为韧性好的软纸、另一面为透明度极好的塑膜做成的纸袋，将果穗轻轻放入袋内，然后放入包装箱中。一般葡萄则直接用生长期套袋的纸袋作为衬垫。美国在运输或贮藏硬肉型欧洲大粒葡萄时，箱内垫有新鲜锯末或细碎刨花。包装物（含外包装、内包装、衬垫）的重量，应根据货品种类、搬运和操作方式而定，一般不超过总重的20％。葡萄不宜多次翻倒，否则会引起严重损伤，造成贮运过程中的腐烂。另外，葡萄货品包装和装卸时，也应轻拿轻放。

葡萄销售小包装可应用在零售环节中，包装前剔除腐烂及受伤的果实。小包装销售应根据当地的消费需要选择透明薄膜袋、带孔塑料袋，也可放在塑料托盘或纸托盘上，外用透明薄膜包裹。销售包装袋上应标明重量、品名、价格和日期。销售小包装应美观以吸引顾客，要便于携带，并能起到延长货架期的作用。

(四) 运输

葡萄保鲜运输可满足人们生活需要，丰富消费者的"果篮子"。葡萄运输有利于葡萄产业的发展。葡萄市场有90％以上葡萄是异地销售，没有良好的运输条件和设施，生产的葡萄运不出去，将影响葡萄产业的发展。

1. 运输的基本条件

运输中的要求与贮藏过程相似，所不同的是贮藏是静态的保鲜，而运输是运态的保鲜。运输中除对温度有要求外，还对震动强度有一定的要求。

（1）温度

温度对葡萄运输的影响与贮藏期间温度的影响相同，是运输过程中的重要环境条件之一。我国地域辽阔，南北温差很大，如何保持葡萄运输中的适宜温度，是葡萄运输成功的关键。

（2）震动

葡萄在运输过程中由于震动会造成大量的机械伤，从而影响葡萄的品质。因此，震动是葡萄运输中应考虑的重要因素。

运输方式、运输工具、行驶速度、货物所处的位置等，对震动强度都有影响。一般铁路运输的震动强度小于公路运输，海路运输的震动强度又小于铁路运输。铁路运输途中，火车的震动强度通常小于1级。公路运输震动强度则与路面状况、卡车车轮数有密切关系，车轮数少的震动强度大于车轮数多的。

在运输过程中，由于震动，箱内葡萄逐渐下沉，使箱子的上部出现了空间，所以上部的果实易脱粒和受伤。同一箱内的个体之间、车体与箱子之间以及箱与箱之间的振动频率一旦相同时，就会产生共振现象，箱子垛的越高共振越严重。果实运输过程中应避免共振现象发生。

葡萄在运输前后的各种加工操作对震动强度也有影响。装货仔细，将降低货物运输过程中震动强度，粗放装货将使震动强度增加2～3倍。

2. 运输方法

我国目前主要采用的运输方法有常温运输、亚常温运输和低温运输。

（1）常温运输

葡萄在常温运输时，货箱的温度和产品温度都受外界气温直接影响，特别是在盛夏或严冬，影响更为明显。常温运输适合于短距离的运输。比较不同包装在常温运输中的温度变化，木箱与纸箱大体相似，但纸箱堆得较密，在运输途中箱温比木箱高1～2℃。

（2）亚常温运输

亚常温是指低于常温而高于葡萄贮藏最适低温的温度。我国目前葡萄运输大部分采用的是这种运输方式。葡萄采收后先进行低温处理，也就是预冷，预冷后的葡萄用保温车或卡车加保温层运输。据调查，预冷至0℃的葡萄，用卡车加保温层运输，当外界夜温为10℃、白天温度为20℃的情况下，运输7d，箱内温度仅升高3～4℃，贮存效果良好。

（3）低温运输

在低温运输中，温度的控制不仅受冷藏车或冷藏箱的构造及冷却能力的影响，也与空气排出口的位置和冷气循环状况密切相关。一般空气排出口设在上部时，货物就从上部开始冷却。如果堆垛不当，冷气循环不好，会影响下部货物冷却的速度。因此，应改善冷气循环状况，使下部货物的冷却效果与上部货物保持一致。

（五）预冷处理

1. 预冷的意义

葡萄在采收后迅速消除从田间带来的热量，是保证葡萄品质、节约机械冷库降温消耗能源的较好方法。鲜食葡萄在采收后 24h 内，温度降低至 8℃，其呼吸效率降低一半，贮藏期延长 1 倍，若葡萄果温降低到 4.5℃，可以大大延缓贮藏中真菌的危害与繁殖。采后迅速预冷还可以防止果梗干枯、失水，阻止果粒失水萎蔫和落粒。

2. 预冷方法

（1）架上预冷

主要是延迟果实的采收期。当果穗的温度达到窖内贮藏温度时，将葡萄采收后直接入窖，这样可减少葡萄倒筐、装箱的步骤，从而减少损失。这种方法多在通风窖藏的地区使用。如山西省种植红地球葡萄，当气温降至 6.8℃时，在葡萄架北面用玉米秸秆遮挡防寒，采后直接入窖。在辽宁省西部地区，当10 月上旬葡萄果实成熟时，暂不采收，而是延迟至 10 月下旬至 11 月上旬，当棚架果穗温度达到 0～1℃时采收入库，这样采后不需预冷，即可入库贮藏。

（2）架下预冷

果实采收时，由于温度较高，不宜贮藏。可先将果穗置于架下预冷。葡萄采收前，先将架下地面整平，如地面干燥，可先浇 1 次水。架下土壤含水量以用手握成团、落地即撒开为宜（含水量大约 60%）。在地面上铺一层苇席或地膜。葡萄采收后，将果穗平摊在地面上即可。若架上叶片稀少，可用苇席等遮盖物遮阳。在架下预冷的果穗有以下优点：①可随采收，随手放在地面上，省时省工。②架下土壤湿润，便于吸收果穗的热量。③架上遮阳与果穗有一段距离，便于果穗间空气流通，能迅速带走果穗的田间热。

（3）背阴处预冷

葡萄采收后，可先装箱，也可先将葡萄转移到背阴通风处进行预冷。如果装箱，将箱堆成花垛，并垫高 10～15cm 使之四面通风，利用空气流通，可迅速降温。如果不装箱，可采用架下预冷的方法，地面铺上苇席或塑料薄膜，将果穗摊开，利用冷空气带走果穗中的热量，达到贮藏温度时包装入库。

（4）车厢预冷

需要立即长途运输的葡萄，可装入冷藏车中，进行车厢预冷。在预冷过程中，要使果穗周围的空气相对湿度保持在 90%～95%，防止果穗失水，降低贮藏品质。

（5）冷库预冷

在 0℃冷库内堆码果实，冷却时间为 10～72h。冷库空气流量须达 60～120m³/min。注意堆码方式，使全库均匀通风。包装箱的通气眼面积应大于边板的 2%。此法冷却速度慢，但是具有操作方便，果蔬预冷包装和贮藏包装可通用的优点。预冷后不需要重新倒箱，保持较干爽的状态。更为重要的是，预冷的设施是冷库，不需要为此另行投资。由于以上优点，冷库预冷已成为主要预冷方式。必须指出对于像红地球、利比尔等对 SO_2 型保鲜剂敏感的品种，极易发生漂白伤害，入贮后预冷速度太慢是主要原因。对这类品种来说，修建预冷库则显得十分重要。

国家农产品保鲜工程技术研究中心结合我国国情，设计了一种简易葡萄预冷库，即在现有冷库库容的基础上，增加 1 倍左右的制冷机和一个伴侣风机，库门增加一个冷风帘，其预冷效果较普通冷库有所提高，宜在葡萄运输与贮藏保鲜上得到广泛应用。

二、葡萄贮藏保鲜技术

（一）葡萄贮藏适宜的环境条件

1. 温度

葡萄的贮藏温度直接影响葡萄的贮藏期。一般来说，贮藏温度越高，贮藏期越短，越容易腐烂变质。因为贮藏温度越高，果实的呼吸强度越大，碳水化合物消耗越多，各种有机物质分解加快，从而加速了果实的腐败。随着贮藏温度的降低，果实的贮藏期延长，但低于果实的冰点，耐贮性又降低，即形成冻害。葡萄的冰点因含糖量多少而异，含糖量越高，冰点越低，一般在 −3℃左右。因此，葡萄果实较适宜的贮藏温度为 −1～0℃。在极轻微冰冻之后，葡萄果实仍可恢复原来的新鲜状态，但经过深度冻结或冻结状态持续时间过长，解冻后葡萄果实的耐贮性会降低。若贮藏环境的温度忽高忽低，变化幅度越大，果实的耐贮性越差。一般要求采收后立即降至 −1～0℃，并稳定在此范围内。

2. 空气相对湿度

贮藏环境的空气相对湿度是保持果皮、果梗新鲜饱满的重要条件。空气相对湿度越大，果粒、果梗就越新鲜，但空气相对湿度过大，易给病原菌活动创造条件，导致腐烂；空气相对湿度小，虽然可控制病原菌的危害，但果粒和果梗易失水，易导致果皮皱缩、果粒干枯。在果穗中，较易失水的部分是穗轴、果梗和果粒。虽然穗轴占果穗重量的 2%～6%，但由穗轴损失的水分占葡萄果穗蒸发水分的 49%～66.5%。因此，蜡封穗轴可极大程度地抑制果穗失水。一般要求的适宜空气相对湿度为 90%～95%。

3. 气体成分

当葡萄果实在最适温度和最适空气相对湿度下贮藏时，调节气体成分，降低 O_2 浓度、提高 CO_2 浓度会延长葡萄果实的贮藏期。葡萄果实在贮藏过程中没有呼吸高峰，环境中的 O_2 浓度降低时，会降低果实的呼吸强度，从而减少贮藏物质的损耗，延长贮藏时间。一般认为 CO_2 浓度为 1%～2%、O_2 浓度为 2%～3%较为适宜。同时，不同葡萄品种所要求的气体成分不同。玫瑰香要求的最适气体成分为 8%的 CO_2 和 O_2；意大利品种则为 5%～8% CO_2、3%～5% O_2；加浓玫瑰为 8% CO_2、5%～8% O_2，可贮藏 5 个月，损失率仅为 5%～6.7%，出库率为 86%～87%，而普通贮藏的损失率为 10%～14.2%，出库率为 55%～71.1%。

（二）葡萄防腐保鲜剂的使用

1. 保鲜剂的种类及选择

葡萄防腐保鲜剂多以亚硫酸盐为主剂，贮藏环境中的水分进入防腐保鲜剂上方孔眼内，与亚硫酸盐化合，释放出 SO_2 散至箱内，可抑制霉菌滋生，达到防霉变、防腐烂的目的。

（1）双起动型防腐保鲜剂

有一类防腐保鲜剂（如 CT_2），其起动因素是水和 CO_2，即双起动型防腐保鲜剂，比较适合巨峰等欧美杂种使用。这类品种在入贮前期、温度尚未降到 0℃以前的这段时间，果实呼吸强度大，箱内会释放出较多的水和 CO_2，极易滋生霉菌，并造成后期霉变腐烂。因此，贮藏巨峰类品种较适合选用双起动型防腐保鲜剂。

（2）双重释放型防腐保鲜剂

即前期快速释放与长效缓慢释放 SO_2 相结合的防腐保鲜剂。有些品种（如玫瑰香）对 SO_2 型保鲜剂抗性较强，在采收中易在果蒂与果粒之间出现肉眼看不见的伤痕，因此，宜选用双重释放型防腐保鲜剂。在降水较多的地区或年份，果园病害较重，入贮葡萄带菌量相对较多，这种情况最好使用双重释放型防腐保鲜剂。

（3）复合型防腐保鲜剂

指防腐保鲜剂中除含有 SO_2 型防腐保鲜剂外，还含有其他类型的防腐保鲜剂，靠多种防腐保鲜剂在葡萄箱内释放，来实现抑菌、杀菌的目的。据试验，这类保鲜剂主要适合于对 SO_2 抗性较弱的葡萄品种。这些品种使用单一 SO_2 型防腐保鲜剂时，不能像巨峰品种那样足量放入，但放入的量偏少就会在贮藏中后期出现霉变腐烂的现象。这些品种包括红地球、红宝石、瑞比尔、牛奶、木纳格和大多数的无核品种。此类品种只有使用复合型防腐保鲜剂才能实现抑菌、杀菌，又可保证不出现较严重的漂白药害。复合型防腐保鲜剂的主剂原料成本、包装成本等较高，故复合型防腐保鲜剂售价偏高。

2. 防腐保鲜剂剂型的选择

目前，市场上的葡萄防腐保鲜剂有片剂、粉剂、颗粒剂、SO_2 型保鲜剂和抑制酶活性的保鲜剂。

（1）片剂

将亚硫酸盐与多种辅料混合或化合后，经压片机压制成药片（一般每片重0.5g），然后包装在塑膜小纸袋内，每小袋装 2 片药，袋子大小为 4cm×4cm，通常可贮葡萄 500g。选择片剂的关键是查看主剂成分、有效含量、SO_2 释放速度和稳定性、释放的起动因素、有效期长短以及与品种、栽培环境的合理配合。

（2）粉剂

以亚硫酸盐为主剂加一些辅剂，通过机械性混合后，按一定量包成粉包，有的先用纸袋装药，然后用塑料薄膜裹卷，透过纸袋释放出 SO_2。这种防腐保鲜剂前期释放速度太快，易发生药害，常用于短期贮藏或抗药性强的低档次葡萄品种的贮藏。

（3）颗粒剂

该剂型是近年来研制的新产品，是将主剂、辅剂经机械混合后加工成颗粒。其释放速度比较稳定，并有通过调整辅剂配方和工艺加工成的释放速度和释放量不同的单剂型和复合型产品。这种剂型已在生产上应用。

（4）SO_2 型保鲜剂

该剂型不仅有抑制霉菌、防止果实腐烂的功能，也有抑制呼吸作用和酶活性的功能。在相当长一段时间内，SO_2 型保鲜剂一直是葡萄防腐保鲜剂的主体产品。但带有超剂量 SO_2 食品，对人体是有害的，因此选择葡萄保鲜剂时，应注意是否附有绿色保鲜材料标志。

（5）抑制酶活性的保鲜剂

该剂型在葡萄上应用较少。国家农产品保鲜工程技术研究中心（天津）研制的湿度调节膜，内含可吸附有害气体（如乙烯）的吸附剂，另有单独的乙烯脱除剂产品，都是对入贮后易形成呼吸高峰的葡萄品种有良好作用的产品。

3. 防腐保鲜剂的使用方法

现以北方巨峰品种和使用 CT_2 防腐保鲜剂为例说明使用方法。

CT_2 属片剂型防腐保鲜剂，每个小塑膜纸袋内含 2 片药。使用剂量为每500g 葡萄用 1 包药（2 片），若每箱装 5kg 葡萄，即用 10 包药。投药方法为在投药前，用大头针在每包药上扎 2 个透眼，然后均匀地将药包放入衬有保鲜膜的葡萄箱内。CT_2 防腐保鲜剂为水与 CO_2 双起动药剂，故不能放入箱子的最底层。因为，葡萄在入贮后容易出现结露现象，露滴会顺着保鲜膜流到箱底部，箱底易有积水，若药包放在底层则会造成药袋内进水，药力会快速释放。如葡萄箱为单层，可将药包一部分放在箱的上层，一部分放在葡萄果穗之间；如葡萄箱为双层，则将一半药包放在 2 层葡萄之间，另一半放在上层。

北方的秋季比较干燥冷凉，一些农户就在葡萄装箱后把扎过眼的药包随即放入箱内，即装完第 1 层葡萄时把一半药包均匀放入箱内，然后装第 2 层，即最上层葡萄，然后把保鲜剂夹放在葡萄果穗之间或直接散放在上层。也有的农户在葡萄预冷后才放上层葡萄用的保鲜剂。当使用双层包装箱时，宜在田间将 2 层葡萄之间的药放好，以免入贮后放药不方便。贮藏实践表明，2 层葡萄之间放药量对贮藏至关重要，因为贮藏后期的腐烂大多数从下层开始，除下层葡萄易受挤压的因素外，下层葡萄接触防腐保鲜剂的量也是不可忽视的因素。在田间一层葡萄码完随即放药，既方便，又均匀。故北方地区田间装箱时，药放中间层更适宜些。由于 CT_2 是长效缓慢释放型并由水和 CO_2 起动的药剂，田间放药可能会散失一点药剂，但对药效不会有太大影响。放药量与药包扎眼数直接影响葡萄的贮藏效果，药量偏多或扎眼数增加会导致 SO_2 漂白葡萄和污染果实；药量偏少或扎眼数少又会造成 SO_2 在箱内的浓度不够，致使霉菌滋生、葡萄腐烂。

（1）投药情况

投放 CT_2 有时可偏少，巨峰品种每 500g 放 1 包，扎 2 个透眼，如放药量少于此量为投药偏少。

对 SO_2 敏感的品种放 CT_2 要少些。如前所述，红地球、木纳格等不抗 SO_2，而 CT_2 释放的防腐气体主体是 SO_2。所以，这些品种通常每 5kg 果实投放 CT_2 6～7 包，但必须补加其他药剂。

田间带菌量少的葡萄可少放些 CT_2。当年田间病害控制较好，基本上没有田间流行病害，特别是果实成熟期降水偏少，葡萄病害较轻；果实在坐果后及时套袋防病；树势健壮，果树负载量适中，果实质量好。在这些情况下，可以适当减少 CT_2 投放量，每 5kg 果实中可放 9 包 CT_2，较正常放药量减少 5％～10％为宜。

（2）投药量不变，适当增加扎眼数

在北方地区果实成熟期降水偏多，田间病害普遍较重的年份；从管理水平较低、病害控制不良的果园采摘葡萄时；南方地区果园普遍湿度较大，葡萄带菌量偏多时；从较远地区果园采摘葡萄入贮或收购二手葡萄入贮时，均应保证投药量充足，即保证每 500g 葡萄投放 1 包 CT_2，只能稍多，不能减少，平均扎眼数可从 2 个透眼增加到 2.5 个透眼，如果只是短期存放（1～2 个月），也可增至 3 个透眼。以 2.5 个透眼一包药，5kg 包装为例，即 5kg 葡萄应投放 10

包 CT_2，其中 5 包上扎 3 个透眼，另 5 包扎 2 个透眼。扎眼数越多抑菌作用越强，但药害也可能更重些，所以要根据葡萄的具体情况掌握扎眼数，并在实践中学习掌握。

4. 调湿保鲜垫的使用方法

调湿保鲜垫是由 CT_1 粉剂等加工成的复合药膜，主要用于红地球、木纳格、牛奶等不抗 SO_2 品种的贮藏保鲜。早期使用的 CT_1 属无起动因素保鲜剂，即无论贮藏环境的湿度、CO_2、温度等情况如何，打开包装袋后药剂都会自动释放。调湿保鲜垫对于包装袋材料和包装袋的热合强度都有极严格的要求，只有在葡萄预冷结束、扎口前才可打开包装袋，并取出调湿保鲜垫放在葡萄箱的上层中间，并立即扎袋口。如前期葡萄箱内有结露，此时露滴可直接滴落到调湿保鲜垫上或被吸附在调湿保鲜垫上。新型 CT_1 是水起动型药剂，可在葡萄箱湿度偏大、温度偏高的时期，也就是霉菌极易滋生和侵染的时期，迅速释放出杀菌气体。红地球、木纳格、牛奶等使用的调湿保鲜垫就是靠 CT_1 释放出杀菌气体，补充 CT_2 用量偏少、抑菌力不足的缺点，从而达到应有的抑菌效果，又不因 SO_2 造成较重伤害。调湿保鲜垫可吸附入贮早期箱内过多的水汽，又可解决贮藏后期箱内湿度低的问题。

若能保证入贮葡萄的快速预冷，封箱后又基本无结露现象，那么就没必要放调湿保鲜垫。

第十一章

葡萄园经营管理与葡萄市场营销

近年来，国家高度重视我国"三农"问题的解决，提出了创新、协调、绿色、开放、共享五大发展理念。现阶段，城乡区域间协调发展成为当前国家经济发展的重要任务。葡萄产业的发展，不仅能够推动农村经济发展、增加农民收入、改善农民生活水平，还能改善城镇居民饮食结构，提高生活质量。

一、葡萄园经营类型

从建园初期投资开始，对葡萄园的经营管理必须有准确定位。目前，葡萄园经营类型主要有生产型、生态型及综合型3种。生产型葡萄园主要通过葡萄果实的销售获得经济效益；生态型葡萄园主要通过结合旅游与娱乐等获得经济效益；综合型葡萄园则依靠多种经营方式，其获得经济效益的途径更加多样化，管理模式也更加灵活。

（一）生产型

生产型葡萄园经营管理主要以葡萄果实的销售为主，因此保持葡萄果实具有较高的商品性就成为果园经营管理的重中之重。葡萄果实成熟采收后要进入市场销售，葡萄产地与市场一般相距较远，而葡萄成熟后具有水分含量高、果皮薄、质地软、容易损伤等特点，因此，需要特别注意葡萄的采收及运输、贮藏管理。

1. 葡萄果实采收期判断

决定葡萄品质的主要因素有外观、风味口感及贮藏和运输性能。要想达到最佳商品品质，需要精确判定葡萄的采收期。一般要求葡萄达到生理成熟期时进行采收，采收过早会影响葡萄糖分积累，品质风味达不到消费者的要求；过晚采收容易造成一些品种果粒脱落、容易受病原菌侵染、贮运性降低等。因此，采收过早或过晚都会影响葡萄的最终销售，进而降低葡萄种植的经济效益。

（1）果实颜色变化

葡萄果实达到生理成熟后，会具有该品种固有的色泽。有色品种充分、均匀着色；无色品种表现出黄色加深、绿色消退的底色。从葡萄开始转色到完全成熟，品种不同所持续的时间也有很大差异，一般早熟品种 5d 左右，中晚熟品种可以达到 10d 至 1 个月以上。

需要指出的是葡萄果实颜色变化虽然是葡萄成熟的重要特征，但生产上果实颜色不能独立作为判断采收期的依据，需要结合其他指标来共同判断。

（2）果实大小及硬度变化

葡萄果实成熟后，果粒达到最大，果肉开始变软，富有弹性。这些特征都是葡萄成熟后的表现，但生产上也不能独立作为判断果实成熟的依据。

（3）果实含糖量变化

葡萄果实成熟的一个重要标志是达到了该品种在本地区应该有的含糖量及含酸量。含糖量是生产上能够独立作为判断葡萄果实是否成熟的依据。不同品种在不同地区可溶性固形物含量相差很大，生产上一般在果实进入转色期后，每隔 2d 测 1 次可溶性固形物含量，当其不再增加时即为采收最佳时期。

2. 采收要求

葡萄采收操作对葡萄贮藏、销售影响很大。因此，在采收时必须严格把关，采收时需要注意以下几个方面：

①采收前 5～7d 喷洒 1 次杀菌剂，避免果实在贮藏中腐烂。

②采收应选择晴朗天气，在上午 10 时以前或者下午 15 时以后进行为宜，容易保持原有的果实品质。切忌阴雨、大雾天气及露水未干时采收，避免果实腐烂和降低果品品质。

③采收时，一手握剪刀，一手抓住葡萄穗梗，在贴近母枝处剪下，保留一段穗梗。

④采后用疏果剪疏除裂果、病果、青果及畸形果等有缺陷的果实。

⑤葡萄采收后应按照不同品质、大小进行分级（表 11-1），装箱后运往冷库，尽量做到不再倒箱，将因采收运输而造成的损失降到最低。

表 11-1　国外鲜食葡萄分级标准

品种	一等品		二等品		三等品		可溶性固形物含量（%）
	直径（mm）	长度（mm）	直径（mm）	长度（mm）	直径（mm）	长度（mm）	
红地球	>28.0		25.0~27.9		23.0~24.9		16.5
无核白	>19.0	>29.0	17.5~18.9	27.0~28.9	16.9~17.4	25.0~26.9	16.5
意大利	>25.0		23.0~24.9		21.0~22.9		16
红宝石无核	>19.0	>29.0	17.5~18.9	27.9~28.9	16.0~17.4	25.0~26.9	16

目前我国葡萄分级尚无统一的国家标准，大部分根据果穗外观（果穗大小与松紧度）、果粒大小及成熟度、着色、含糖及含酸量进行分级，普遍认为一级果的标准为果穗穗形能代表本品种的标准穗形，果穗非常整齐无破损，果穗大小均匀，果实成熟度好，具备本品种固有色泽，全穗无脱粒；二级果对果穗穗重及果粒大小没有严格要求，但要求充分成熟，风味好；三级果为一、二级淘汰果。

为进一步规范商品果生产，实现优质优价，一些地区陆续针对本地区的主栽品种制定了地方标准。如张家口市地方标准《阳光玫瑰果品质量》（DB 1307/T 361—2022），规定了阳光玫瑰葡萄果实质量等级标准（表 11 - 2）；六安市市场监督管理局发布了《六安鲜食葡萄质量分级》（DB 3415/T 11—2021）（表 11 - 3）。

表 11 - 2　阳光玫瑰葡萄果实质量等级标准

项目名称	特等果	一等果	二等果
外观要求	外观光洁明亮、果粒均匀、无病残果		
成熟度	完全成熟，着色均匀		
果穗要求	果穗美观、果粒松紧适中	果穗美观、果粒松紧适中	果穗较小或较大、散或较紧
果穗重（g）	650～800	550～650 或 800～900	＜550 或＞900
果粒要求	大小均匀，无异味，果粒与果梗连接牢固，果肉乳白色或淡绿色，坚实、有弹性，果粒上不能有灰尘、药斑		
果皮色泽	绿色	绿色或黄绿色	绿色或黄绿色
果粉	无	无	较少
果面缺陷（%）	无	≤2	≤8
果粒重（g）	13～15	12～13，15～16	＜12，＞16
可溶性固形物（%）	≥20	≥18	16
无核率（%）	≥95	90～95	＜90

表 11 - 3　鲜葡萄外观等级指标

项目	等级		
	特级	一级	二级
色泽	具有本品种固有色泽的果粒率：黑色品种不低于95%、红色品种不低于75%	具有本品种固有色泽的果粒率：黑色品种不低于90%、红色品种不低于70%	具有本品种固有色泽的果粒率：黑色品种不低于85%、红色品种不低于65%

（续）

项目	等级		
	特级	一级	二级
果穗整齐度	整齐	整齐	较整齐
果穗紧密度	中等紧密	中等紧密	紧密或松散
果粒均匀性	果粒均匀	果粒均匀	果粒较均匀
果粉	完整	较完整	较完整
果面缺陷	不允许	允许轻微日灼、摩擦	轻微缺陷

3. 葡萄果实包装运输

葡萄的包装容器应该选用无毒、无杂味的原料制作的板条箱、纸箱、钙塑瓦楞箱和硬质塑料泡沫箱等，大多选用板条箱、硬质塑料泡沫箱。硬质塑料泡沫箱保温、减震性好，可用于运输或贮藏。装箱后板条箱、硬质泡沫塑料箱的规格为 5～10kg，纸箱规格为 1～5kg。目前在我国，葡萄冷藏时通常采用无毒的塑料袋（保鲜袋）与防腐剂结合的形式，塑料袋主要有聚乙烯和无毒聚氯乙烯 2 种，厚度一般为 0.3～0.5mm 较为经济实用。装箱时，要求箱内摆平码整、松紧合适，一般 1～2 层为宜，箱内上下各铺一层包装纸以便吸潮。销售包装上应注明名称、产地、数量、生产单位等内容。

葡萄果实的运输工具应清洁，不得与有毒、有害物品混运。有条件的应预冷后恒温运输。葡萄果实在装卸过程中应轻拿轻放，不得摔、压、碰、挤，以保持果穗和果粒的完好。

4. 葡萄果实贮藏

葡萄果实贮藏期间易发生腐烂、落粒、皱皮、果梗干枯等问题。灰霉病的病原菌耐低温，具有在 −5℃ 下生存的能力，加之葡萄对灰霉病的抵抗力较弱，所以，灰霉病是葡萄贮藏过程中威胁最大的病害。温度、湿度、气体的调节以及防腐剂的应用是葡萄贮藏保鲜中的关键环节，减少水分的蒸发和灰霉病的发生是葡萄贮藏期间的主要目标。

（1）温度

贮藏期间温度过高，易引起葡萄果实的代谢活动加强，果实衰老加快；温度过低，低于果实的冰点又容易使果实发生冻害，贮藏期缩短。一般商业贮藏葡萄果实的温度是 −1～2℃。贮藏期间如果温度忽高忽低地变化也会影响贮藏时间，为了减少温度波动，可加简单的蓄冷设施。葡萄果实采摘时会有一定的田间热，在冷藏前需要对果实进行迅速预冷，在尽可能短的时间内把果实温度降到 −1～0℃，能够抑制病原菌生长和降低葡萄的生理活性。

（2）湿度

葡萄贮运环境的湿度是保持果皮和果梗新鲜饱满的关键因素。湿度越大，果梗越新鲜，但容易导致腐烂。为了达到最佳的贮运效果，目前普遍在高湿环境中用防腐剂和保鲜剂处理。

（3）气体

因葡萄果实没有明显的呼吸高峰，所以气调贮藏法并不适用于鲜食葡萄的商业贮藏。一般都使用 SO_2 熏蒸控制腐烂的发生。SO_2 是一种无色、有刺激性气味的有毒气体，不仅是防腐剂，同时具有很强的还原性，可以抑制植物组织中氧化酶的活性，可以降低果实的呼吸强度，减少呼吸基质的消耗，延缓果实的衰老。

（4）保鲜剂

SO_2 遇水后，能杀死灰霉病的病原菌。SO_2 熏蒸在鲜食葡萄贮藏中起至关重要的作用，是世界通用的葡萄保鲜措施，有近百年的应用历史。一般先用 1％ SO_2 熏蒸鲜食葡萄 20min，然后每隔 7～10d 用 0.2％ 或 0.5％ SO_2 熏蒸 20～30min。熏蒸结束后，用排气扇或用水溶解法将 SO_2 清除。虽然 SO_2 熏蒸法延长了鲜食葡萄的贮藏时间，但也给葡萄造成了不同程度的伤害，可能会导致脱色、果肉下陷、果表潮湿、风味改变等。为了减少这种伤害，处理时以所需 SO_2 的最低量进行。操作时要戴护目镜，以免伤害眼睛。

葡萄的贮藏场所应清洁、通风，产品应分级堆放，不得与有毒、有异味的物品一起贮藏。

（5）葡萄贮藏过程中的简易措施

我国北方葡萄产区采用沟、窖、普通房间等贮藏葡萄的历史悠久。贮藏前的设施应用 1％硫酸铜溶液或每立方米空间用 15～20g 硫黄熏蒸的办法进行消毒。贮藏时控制好温度，白天密封设施的通风口，夜间开放，对设施进行自然降温，对要贮藏的葡萄尽可能推迟采收，使贮藏设施内的温度降到最低。贮藏期间的温度保持在 0～4℃。设施内空气干燥时应洒水增湿，空气相对湿度保持 80％～90％。为了保持空气相对湿度，应密封设施的门窗或通气孔。有条件的可以使用保鲜剂加聚乙烯膜包装。

（二）生态型

生态型葡萄园多建立在具有良好的旅游资源、文化底蕴的地区，将葡萄生产、自然风光、科技示范、休闲娱乐及环境保护融为一体，实现经济效益、生态效益及社会效益的统一，具有良好的发展前景。随着生态农业的发展，各地都加大了生态葡萄园建设的投入，也涌现出了一些成功的典型，如上海马陆镇生态葡萄园。然而，由于生态葡萄园建设不仅需要良好的旅游环境和文化基础，还需要很强的管理技术和生产技术作支撑，因此，建设生态葡萄园，需要遵循科学合理的原则。

1. 生态葡萄园规划原则

（1）因地制宜，做好设计

生态葡萄园建设应该充分考虑所在地区葡萄生产的基础环境资源，综合考虑其旅游资源、文化资源、交通保障、基础生活保障等条件，开发出具有当地特色的生态葡萄园，服务社会，实现经济效益的提升。

（2）突出主题，打造精品

生态葡萄园建设需要明确其服务对象及目标，建立起精细化、高品质、有特色的服务理念，并开发相关产品。不仅要生产出品质上乘的葡萄产品，还要营造出浓厚的葡萄文化，让消费者既满足了物质需求，又实现了精神享受，放松了心情，恢复了精力。

（3）科学指导，持续发展

生态葡萄园建设需要以葡萄生态学、管理学及经济学等相关理论为指导思想，形成良性循环的农业生态系统，建成经济效益、生态效益、社会效益三者统一的可持续发展的新型农业生态园。

2. 生态葡萄园提升效益的技术途径

（1）提高生态丰富度

传统葡萄园一般实行土壤清耕制，果园生产单一化，园内会有很多空白生态位，不仅浪费土地资源，还会造成水土流失、飞尘增加、蒸腾量增大、天敌锐减、环境恶化等一系列生态问题。建设生态葡萄园需要充分利用时间变化和垂直空间变化的生态位，提高果园物种及品种的丰富度。尽量选留有差异的物种和品种补充相应生态位，这样既能提高覆盖率，减少漏光率，最大限度利用光照，又在生理、营养、株龄、株型、时间上有一定差异，形成多物种、多品种的高效、有序、稳定、持续的复层立体生物群落。

（2）合理布局，优化品种

葡萄种类和品种丰富，就果实而言，有早、中、晚熟品种，成熟期跨度从夏季到深秋；果实颜色有黄绿色、绿黄色、粉红色、红色、紫红色、红紫色、蓝黑色等；果实有大有小，形状有长有圆、有规则有不规则；果实肉质有软质多汁的，有硬质脆肉的。在葡萄品种配置时需要充分考虑对生态葡萄园环境进行优化，达到效益最佳。

（3）多种农业技术综合应用

建设生态葡萄园需要农、林、牧、副、渔等各行业兼顾，抓住各行业之间内在联系，综合应用各类技术，促使生物学、农学、经济学与加工之间的相互渗透，保证生态葡萄园经济系统稳定、有序、高效、持续运行。

3. 生态葡萄园的模式

（1）以地形环境划分类型

我国地域辽阔、地形复杂，有平原生态葡萄园、丘陵沟壑生态葡萄园、山地生态葡萄园及城市郊区生态葡萄园等，各地区生态环境多样，不同地区之间气候条件差别较大，各地区经济发展水平各异，建设生态园时要根据各地区特点，因地制宜进行。

（2）以技术组合划分类型

生态葡萄园是各种生产要素通过组合，实现一定结构、功能和效益的经济实体，从生产技术角度可分为立体种植型葡萄园、种养复合型葡萄园、观光型葡萄园。

①立体种植型葡萄园。此类葡萄园主要种植多种果树、蔬菜、花卉，再辅以一些操作简单、富有生活趣味的劳动模式，如葡萄酒酿造、蔬菜腌制、果脯加工等，满足人们的精神需求。

②种养复合型葡萄园。在葡萄园内养殖各种经济动物，以野生取食为主，辅以必要的人工饲养，从而生产更为优质、安全的畜、禽、渔产品及葡萄产品的一种形式。一般有葡萄园鱼塘、葡萄园养禽、葡萄园养畜等。

③观光型葡萄园。观光型葡萄园是集葡萄生产、休闲旅游、科普示范、娱乐健身于一体的新型葡萄园。主要以葡萄园景观、园区周围的自然生态及环境资源为基础，通过葡萄生产、产品经营、农村文化及果农生活的融合，为人们提供游览、参观、品鉴、购买、参与等服务。同时结合葡萄生产，通过对园区规划和景点布局，突出葡萄品种的新、奇、特，展示葡萄园的风光，促进葡萄生产与旅游业共同发展，将生产、生活、生态与科普教育融为一体，用知识性、趣味性和参与性去获得葡萄生产的商业效益。

（三）综合型

综合型葡萄园一般规模较大，涵盖了多种生产模式及管理模式，是现代农业生产、环境保护、休闲娱乐、文化教育、科技示范等多产业、多领域相互结合的大型经济复合体，是现代农业发展的主要方向。

二、葡萄市场营销

目前，我国葡萄生产正由产量效益型向质量效益型、品牌效益型过渡，以提高葡萄品质为基础、以满足顾客需求为目标。为实现葡萄销售目标，获得经济效益，在市场化、网络化及信息化高度发达的市场经济中，葡萄销售必须有科学合理的营销策略和可靠易行的销售技巧作为支撑。

（一）基本原则

1. 树立品牌意识

葡萄生产经营必须着眼于以产地为主的品牌意识。以产地为品牌，不仅能使葡萄的食品安全性得到消费者的认可，而且对产地的生态环境可以起到良好的宣传效果。葡萄生产与其他果品生产一样，当达到一定规模后其经济效益才具有稳定性、高效性和持续性。注重产地保护，生产出优质葡萄，和当地的文化产业、旅游产业及其他产业共同创造以产地为主导的品牌，最终形成地方名牌，带动地方经济的发展，进而促进包括葡萄产业在内的地方产业发展。国际著名的葡萄产区法国波尔多，国内著名葡萄产区新疆吐鲁番、河北昌黎等，都是注重产地品牌的典范。

2. 加强广告宣传

随着现代网络信息科技的不断发展，手机客户端具有精准性、及时性、扩散性、互动性及整合性等特点，在广告宣传中越来越占据主导地位。无论采取哪种方式都要考虑这种方式的传播范围、效果和产生的费用。目前手机客户端宣传应该是宣传效果最好、费用最低的一种广告宣传途径。另外，传统的广告宣传方式如电视、广播、杂志、路边广告、农村墙体等在农村地区仍然具有良好的宣传效果。

3. 突出包装特点

包装在现代葡萄销售中具有重要意义。优美的产品包装让人有赏心悦目的感觉，对购买礼品的那一部分消费者来说，优美而有档次的包装对他们很重要。包装要能体现出企业、果园的良好形象；包装要能吸引顾客的注意力，要做好色彩、图案的设计。好的包装设计应该是简单易识别的，其上文字内容不可过多，版面要简单明了，不可过于繁杂，让人容易记住，包装要能激发消费者的购买欲望。

包装应该注意突出地方品牌，与经营思路要吻合。因考虑到葡萄的贮运性，目前较多采用单层果穗包装，为提高档次，在大包装内以穗为单位，对单个果穗进行小包装。产品包装的规格根据品种果穗大小和数量而定。优质果的包装不宜过大，一般应在 4kg 以下。而高档次精品产品的包装有时会更小，甚至小到双穗或单穗。

包装是品牌的体现，一旦投入市场应长期坚持不变。

4. 深入市场调查

不同消费群体对葡萄的需求不同，葡萄生产应该以市场调查为基础，调查不同消费者的消费需求。我国人口众多，南北差异明显，如南方人普遍喜欢酸味淡的葡萄，而北方消费者更钟情于酸甜且具有浓郁香气的葡萄。因此，葡萄生产应以满足市场为目标，切忌追求眼前利益，盲目跟风。

5. 体现文化底蕴

纵观国内外，凡是名优葡萄及葡萄酒产品不仅具有很好的质量，而且都体现了浓郁的地方特色、文化品位。不少葡萄产区通过举办葡萄采摘节，集旅游、文化、饮食于一体，弘扬了葡萄与葡萄酒文化，营造了高雅独特的消费气氛，对当地葡萄产业发展起到了很好的促进作用。

（二）营销渠道

1. 营销渠道类型

现代果园的营销渠道一般有 3 种，即生产者→消费者、生产者→零售商→消费者、生产者→代理商→零售商→消费者。第 1 种是直接销售，即顾客直接到果园购买，顾客到生产者的销售点购买，顾客通过网络销售直接得到产品，这种销售类型最普遍，几乎存在于每个果园，其优点是生产者与消费者直接接触，销售形式简单，顾客可以得到较低的价格。第 2 种是生产者通过零售商完成销售，零售商从生产商手中获得较低的价格及其他销售服务，然后转卖给消费者，从中间赚取差价。第 3 种是生产者通过代理商将产品销售给零售商，再由零售商销售给终端客户即消费者，生产者在销售中经历了 2 个或多个中间环节。

间接销售的优点在于生产者利用了零售商和代理商这些中间商的渠道，使产品尽快地覆盖市场。但由于多了中间环节，顾客购买的价格比直接销售可能要高，而生产商单位重量的利润偏低，且容易造成市场价格混乱，影响公司信誉，所以，对间接销售渠道必须加强管理。

2. 营销渠道的建立

生产者选择中间商的目的是想让产品迅速推向市场。中间商有两种类型：一是生产者的代理商，在不同区域借助代理商销售产品，使产品直接、快速地进入市场；二是公司的销售人员，公司安排销售人员到指定区域设立分销点，以快速地进入目标市场。

3. 营销渠道的管理

为保持渠道的高效畅通，要对渠道加强管理。管理的目的是维护好中间商及销售人员的利益，并对他们开展服务。在渠道管理上生产者应重点治理渠道的低价销售，因为低价销售会对整个销售网络造成不良影响。要求各销售商按照确定的价格体系进行销售，努力维护生产者的利益。

（三）主要问题

葡萄适合大面积种植，具有很高的经济效益，葡萄产业已经成为许多地区促进农村经济发展，提高农民收入的重要产业。然而，在葡萄产业发展的同时，仍然存在许多问题与不足。

1. 生产理念落后

我国葡萄生产 75% 以上是鲜食葡萄，我国葡萄消费以鲜食葡萄为主，这就决定了我国葡萄产业仍然属于劳动密集型产业，从生产资料采购到种植采收，再到贮藏运输及加工销售，每一个环节都需要大量劳动力，这就造成了生产成本偏高，效率低下。在这种情况下，种植者往往会追求高产量、耐贮运的生产方式，从而采用各种简单、粗暴的极端作业来实现这一目标，不愿意接受那些优质、高效、科技含量高的生产方式，这就使得我国葡萄生产缺乏高端产品，缺乏竞争力，这也是我国葡萄销售困难的主要原因之一。

2. 产品质量低下

我国葡萄产品质量问题主要表现在以下 3 个方面。

（1）品种单一

同一品种栽培面积过大，造成品质差异巨大，扰乱了消费市场对品种的认可度。由于缺乏有效市场调查，种植者为追求产量及价格，往往不考虑品种特性，忽视了某个葡萄品种的最适栽培条件，在不适宜栽培的地区栽培，导致品种特性不明显，市场表现不佳，造成消费者对该品种的误解，最终使一些优良的葡萄品种因为栽培问题而沦为劣质品种。这不仅浪费了葡萄资源，更加使育种工作者蒙受了巨大损失，严重打击了葡萄育种的健康发展。

（2）过分追求价格，忽视果实品质

生产者为抢占市场空间，往往使用各种植物生长调节剂，使葡萄正常生长被打乱，原有的风味品质、外观表现被改变。忽视消费者对葡萄最基本的品质需求，使葡萄消费从长期稳定的日常行为变成了追求时尚的流行性消费、一阵风式的偶然性消费，将严重影响葡萄产业发展的稳定性。

（3）过度使用各种化学试剂，忽视食品安全

在葡萄生产过程中，施肥、病虫害防治、生长调节等环节会使用到大量的化肥、农药及各种化学调节剂，不可避免会增加葡萄果实中有毒有害物质的含量，造成食品安全问题。

3. 供销组织松散

销售过程缺乏有效的供应管理组织体系，产销分离现象明显，生产者不能科学把握市场信息、及时进行市场规划，市场供应与需求双方信息不同步，导致供销信息不畅。这种现象的背后反映出的问题就是葡萄供应链中各参与主体结构松散，尚未形成稳定的合作关系和利益共同体。当前种植葡萄的参与者数量众多，然而专业从事葡萄销售的经销商数量严重不足，使葡萄产业供应链管理效率低下。由于生产者与中间代理商及批发零售商之间的信息不对称，缺少

有效的沟通渠道，造成了葡萄生产与销售环节的利益分配严重失衡。生产者众多，竞争激烈，在供应链中处于弱势地位，属于利益失衡的最大受害者，必然影响其生产积极性，供应链源头出现问题，将严重影响葡萄的流通及整个葡萄产业的发展。

（四）发展方向

1. 保证信息畅通

国家对"三农"问题越来越重视，从中央到地方都出台了相关政策，这些政策对推进葡萄产业健康、持续、高速发展起到了至关重要的作用。然而，在对政策精神与市场信息的反应上，经常出现脱节与滞后现象。往往是市场已经做出了反应，而生产领域却不能及时调整，导致了产品价格下降、滞销，最终影响生产者利益，进而导致伐树、毁园、产能萎缩，再到产品供不应求，然后再一次盲目发展。造成这种恶性循环的主要原因就是市场信息不畅通，未能按照市场需求进行针对性资源配置所致。因此，葡萄产业从生产到销售要实现可持续发展，必须保证供求信息对称。

2. 重视产品质量

葡萄产品的质量是在生产管理中确定的。由于葡萄受自然因素的影响较大，其产品质量一般与初步设想的有一定距离，无论是外观质量、内在质量，还是果实的一致性方面均会出现一些偏差。所以，在葡萄销售时，做好对产品的质量控制很有必要。具体而言，在销售时要去除病害及不良果实，保持产品的优良特性。要分级包装，将颜色、大小、性状一致的果穗包装在一起，提高顾客对产品的认知。为配合产品质量管理，在果穗装入包装箱时，对果穗要进行统一修整。修整下来的果粒可以用作果实品尝、果酒酿造等。

以休闲观光为主的果园，在销售时，应及时去除病果、烂果，维护园区良好的形象，主动引导顾客根据自己不同需求采摘产品，以提高顾客对园区的认知。

3. 科学合理定价

产品的价格是一个较为敏感的问题，定价不仅直接影响到葡萄的销售，而且也关系到葡萄产业的经济效益。定价一般有两个主要目标，一个是追求长远发展，另一个是追求短期利润。因此，定价应根据企业具体发展目标确定。追求长远发展时，应以快速进入市场为主要追求目标，定价不宜过高，并加大促销力度，争取在短期内占领市场。当产品投放到市场进行销售时，一定要参考市场同类产品的价格和生产的具体情况确定价格。

定价应结合葡萄的产量及品种特性进行。当栽培面积较大且销售压力较大时，定价不应太高，以避免产品积压。产品的具体特性也对定价产生影响，如巨玫瑰这类品种，在树上挂果期较短，短时间内如果不能销售完毕，将会出现质量严重下降甚至掉粒的现象，所以定价应充分考虑这一因素。

4. 扩大销售渠道

传统的果品销售途径一般为直接销售，即顾客直接到果园购买，或到生产者的销售点购买，这种销售方式以葡萄产品为主体，销售质量取决于葡萄产品质量，销售行为具有短期性和不确定性。

随着互联网的发展，新型的销售方式不断出现，葡萄销售也可以借鉴其他商品的销售，采用各种灵活多变的销售形式，增加葡萄销售的长期性和稳定性，在销售过程中不仅销售优质葡萄产品，而且销售优质服务。

5. 做好售后服务

葡萄销售要重视合同、讲究信誉。无论是在市场疲软、竞争激烈、销路不畅、价格下跌的严峻形势下，还是在市场紧俏、供不应求的良好条件下，都应始终坚持诚信为本的销售策略，与客商签订购销合同，明确双方的权利和义务，使双方都有安全感和责任感。

同时，要主动宣传，使消费者了解葡萄的品种特性、营养特性及贮藏特性，做到不欺骗、不隐瞒、不遮掩，让消费者购买时能够放心。

第十二章

烟台地区鲜食葡萄连栋避雨栽培技术

一、葡萄抗逆栽培配套技术

我国葡萄栽培区域分布广泛，葡萄栽培体系普遍面临冻害、根瘤蚜扩散传播、土壤盐碱逆境等问题。随着极端气候的频繁影响，葡萄冻害、抽干、果实着色困难等问题突出。进行优势葡萄栽培生态区划，以良砧、良种配套良法栽培技术进行适地适栽是保障葡萄产业健康可持续发展的关键。

（一）葡萄优势栽培区划指导葡萄适地适栽

通过对我国839个气象站连续10年的大数据进行统计分析，根据冬季最低温度划分出了埋土防寒区、埋土防寒临界区和免埋土防寒区，冬季最低温度为−17～−15℃的地区为埋土防寒临界区，该区域葡萄栽培可以采用抗寒砧木及简化防寒措施，冬季最低温度低于−17℃的地区为埋土防寒区，需采用抗寒砧木并进行埋土防寒。根据年降水量划分出了避雨栽培区和露地栽培区。年降水量800mm以上的地区为避雨栽培区建议采用避雨栽培或栽培抗性品种。区划结果为我国葡萄适地适栽提供了参考依据。

（二）葡萄品种选择

冬季最低气温高于−15℃的地区可选择欧亚种、欧美杂交种；−15℃临界区及春季空气相对湿度在30％以下的地区慎重选择发芽晚、易抽干的品种。

冬季最低气温低于−15℃的地区选择抗寒性较强的欧美杂交种、美洲种或者种间杂交种。如巨峰、阳光玫瑰、摩尔多瓦等。

（三）葡萄砧木选择

山东农业大学翟衡课题组自承担了农业农村部"948"项目"葡萄抗性砧木和无病毒苗木嫁接繁殖技术的引进与应用"以来，引进了20多个葡萄抗性砧木，并系统开展了砧木资源抗生物与非生物逆境胁迫能力鉴定，筛选出SO4、5BB和1103P等抗寒抗盐碱砧木，明确了相应的抗逆机制，并自主选育出适合我国生态特点的多抗砧木 SA15，其抗寒能力超过贝达，抗盐碱能力超过 1103P，嫁接后接穗枝干茎流发生提早，缓解抽条发生。研发集成了以抗砧高位嫁接为基础，配套根系增温保湿的综合防御技术。

冬季寒冷地区建议选择深根性抗寒砧木，如 SA15、110R、140Ru、1103P、贝达、SO4、5BB 等，地下水位高的地区选择 101-14、3309C 等。采用嫁接苗建园，或者种植砧木后绿枝嫁接建园。

（四）定植方式及树形培养

埋土防寒区种植行距最好 3.0m 以上，防止机械在行间取土伤及根系。取土部位距离种植部位至少 1.0m 以上，取土越多距离根系就要越远，避免靠近根系取土造成根系主要分布区土层变薄或透风导致冷空气冻根；免埋土防寒区行距以 2.5m 为宜。

建园时挖深沟施用有机肥改良土壤，促进根系深扎，提高根系抗旱能力和抗寒能力。在埋土防寒区及埋土防寒临界区提倡采用深沟种植法，挖宽 80～100cm，深 70～100cm 的定植沟，每亩施 5～10m³ 有机肥，有机肥与表土填充定植沟，生土置换至行间，定植沟深度保留 20～25cm，灌水，沉实后可定植。非埋土防寒区可平地栽培。

（五）简约树形

埋土防寒区选择主干倾斜的厂形，免埋土防寒区选择厂形或主干直立的 T 形。

（六）生长季节管理

1. 合理留梢，控制产量

合理留梢，提高通风透光能力；控制产量，促进枝条成熟。

2. 病虫害管理

贯彻"预防为主，综合防治"的植保方针。采用生物防治、物理防治、化学防治相结合的配套措施。结合冬季修剪，彻底清园，剪除病果、病穗、卷须，清除地面枯枝落叶，在园内安装诱蛾灯、黄板，放置糖醋液、性诱剂等。

3. 适时采收，促进养分回流

果实成熟后适时采收，促进叶片养分回流，增加枝条贮藏营养。

（七）冬季管理

果实转色后需控制灌水，及时排水，促进枝条成熟。埋土防寒前视土壤墒情灌封冻水。在秋季落叶后土壤封冻前对树体喷施国光液态膜或 0.2% 海藻酸钠成膜剂保水，减少枝条水分蒸发。埋土防寒临界区枝条涂白，当气温低于－15℃时进行简易覆盖防寒。埋土防寒区在气温下降到 0℃后，土壤封冻前完成埋土。

（八）春季管理

当气温稳定在 10℃以上时揭除覆盖物，在发芽前灌催芽水，冬旱情况下可以灌 2 次。在树干基部根区搭建裙膜小棚升温保湿，促进根系呼吸启动，进而促进根系水分吸收及向地上部枝条运输，及时补充枝条水分。结合防霜冻，利用微喷加湿补充枝条水分。

二、烟台产区烟葡 3 号连栋避雨栽培配套技术

（一）园地选址

选择土层深厚、地下水位低、透气性好、肥沃、有浇水条件的壤土或沙壤土地块建园。

（二）避雨设施的搭建

连栋避雨棚以水泥柱和镀锌钢管作为框架，坐北朝南，棚顶呈拱形，棚与棚相连，单棚宽 3.0m。棚顶处的水泥柱高 4.0m，埋入地下 40～50cm，水泥立柱为 8cm×8cm 规格钢筋混凝土结构，间距 4.0m，水泥柱之间用钢绞线相连。拱架采用外径 2.2cm、管壁厚 1.2mm 的镀锌钢管，弯成拱形，以 1.0m 的间距绑缚到两边的钢绞线上，形成架面结构。棚面用聚乙烯塑料膜覆盖即成连栋避雨棚。为了防止冬天的冻害，每年上冻之前覆盖棚膜和四周围膜，冬天注意刮除棚面上的残雪，否则易压塌棚面。萌芽后及时撤掉四周围膜，只留顶端棚膜进行避雨。生长季节棚内温度超过 33℃时，及时放风降温。

（三）架式

介于篱架和棚架之间的一种架式。在水泥柱距地面 1.6m 处架设第 1 层钢丝，用于绑缚主蔓，第 2 层钢丝距离地面 1.8m，共有 4 条，分布在水泥柱的两侧，分别距离水泥柱 35cm、80cm。

（四）苗木种植

在每个棚中间位置开定植沟，沟深 80cm、宽 80cm，沟内施入有机肥，与

土拌匀，然后把沟填平，按株距 4m 定植葡萄苗木。

（五）单干单臂＋飞鸟形叶幕树形培养

1. 树体结构

主干高度 1.6m，主蔓沿与行向垂直方向水平延伸，主蔓长 4m。新梢与主蔓垂直，在主蔓两侧水平绑缚呈水平叶幕，新梢间距 20cm，新梢长 130～150cm。

2. 主干和主蔓的培养

当年萌芽后，每株选留 1 个新梢，用竹竿绑缚使其直立生长，1.6m 以下的副梢全部去除，当长至 2.0m 后，水平绑缚到 1.6m 第 1 层钢丝上，与相邻植株搭界后摘心，主干和主蔓就培养完成了。

3. 结果母蔓的培养

主蔓水平绑缚之后，其上萌发的所有副梢都要保留，左右均匀绑缚在第 2 层钢丝上，长度超过 1m 截顶阻止继续生长。萌发的 3 次副梢全部去除。冬季修剪时，所有副梢保留单芽进行短枝修剪。

4. 生长季新梢和副梢的处理

新梢绑缚至第 2 层钢丝的第 1 道钢丝时，统一进行摘心，保留顶端副梢继续生长，其余副梢抹除。当副梢长 1.3～1.5m 时统一摘心，彻底阻止生长。三次副梢全部去除。

（六）花果精细化管理技术

1. 花序整形技术

每个结果新梢只留 1 个花序。开花前 1 周至初花期都可以进行花序整形。成熟果穗穗重控制在 500～750g，副穗及以下 8～10 个小穗去除，保留 15～17个小穗。

2. 果穗套袋技术

一般在葡萄生理落果后、果粒长到玉米粒大小时进行。采用规格为22cm×33cm 和 25cm×35cm 的白色葡萄专用果袋。

在套袋之前，果园应全面喷布一遍杀菌剂，重点喷布果穗，蘸穗效果更佳，待药液晾干后再进行套袋。先将袋口端 6～7cm 浸入水中，使其湿润柔软，便于收缩袋口。套袋时，先用手将纸袋撑开，使纸袋鼓起，然后由下往上将整个果穗全部套入袋中央处。再将袋口收缩到果梗的一侧（禁止在果梗上绑扎纸袋）。穗梗上，用一侧的封口丝扎紧。一定在镀锌钢丝以上留有 1.0～1.5cm 的纸袋，套袋时严禁用手揉搓果穗。套袋后，进行田间管理时要注意，尽量不要碰到果穗。

（七）土肥水管理

1. 栽培第 1 年肥水管理

施肥以追肥为主，以多次少施为原则，苗高 40cm 时，开始施肥，每半个月一次，前期以氮肥为主。进入 8 月以后，每 20d 施肥一次，以磷、钾肥为主，地面追肥与叶面喷肥相结合。施肥后及时浇水，平常视土壤墒情进行浇水。

2. 进入结果期的肥料管理

施基肥与追肥相结合。果实采收后，距葡萄树 50cm 左右，开沟深度为 40～50cm、宽度 30～40cm，亩施发酵好的商品有机肥 1 000～2 000kg，与土混匀后施入沟内。在另外一侧距离树体 20cm 左右，开浅沟施入平衡型复合肥 20～30kg。然后放大水灌溉。此时根系进入第 2 次生长高峰期，开沟施入有机肥，斩断部分根系能更好地促进新根发生，同时由于此时地温偏高，可以加速有机肥的分解，分解会产生热量，使地温维持在较高水平，防止冬天冻害发生。

幼果迅速生长期追肥以氮磷钾复合肥为主，施用量根据产量而定。如果产量控制在每亩 1 500～2 000kg，则施肥量为每亩 35kg；如果产量控制在每亩 2 000～2 500kg，则施肥量为每亩 50kg。幼果生长期是葡萄需肥的临界期，此次追肥不仅能促进幼果迅速发育，而且对当年花芽分化、枝叶和根系生长有良好的促进作用，对提高葡萄产量和品质亦有重要作用。

果实着色期追肥以钾肥为主，施用量为每亩 30kg。这次追肥主要解决果实发育和花芽分化的矛盾，能显著促进果实糖分积累和枝条正常老熟。

根外追肥主要补充中微量元素，施用时期如下：开花前可以喷施 1～2 次氨基酸叶面肥，促进新梢快速生长；花前 2～3d 喷施 0.3% 硼砂溶液 1 次，以提高坐果率；果实膨大期套袋之前，可以喷施 1～2 次氨基酸螯合钙等补钙叶面肥，促进果实钙吸收，增加果皮韧性；转色后，可以喷施 1～2 次 0.2%～0.3% 磷酸二氢钾溶液，促进果实糖分的积累；采果后，可以喷施 1～2 次 0.3% 尿素溶液，提高叶片后期的光合能力，增加树体养分回流。

3. 水分管理技术

土壤化冻到葡萄萌芽期要浇 1 次透水，保证土壤含水量和避雨棚内空气相对湿度，避免枝条抽干。葡萄萌芽期需水量大，土壤含水量宜达 70%～80%。新梢生长期为防止新梢徒长，促进花芽分化，要控制灌水，注意通风换气。开花期前后，为保证开花散粉的正常进行和减少病害发生，要求空气干燥，不需要灌水，并经常通风换气，使棚内的空气相对湿度降至 65% 左右。果实膨大期需水量大，棚内可以小水勤浇，7d 浇 1 次，保证土壤含水量达到 70%～80%，棚内空气相对湿度控制在 75% 左右。果实着色期也是果实的二次膨大期，要保证棚内空气相对湿度，可以 10d 浇 1 次小水。采收前 20d，控制土壤含水量，以利于提高果实品质，棚内空气相对湿度应控制在 60％左右。果实采收后，随着施基肥浇 1 次透水。土壤封冻前要灌 1 次透水，使棚内的葡萄树安全越冬。

（八）病虫害防治

在避雨棚内种植葡萄树，一方面避免了雨水直接冲刷葡萄树表面，另一方面地面覆盖地膜降低了棚内空气相对湿度，使得病害发生率大大降低。避雨栽培条件下，主要的病害为花期的穗轴褐枯病、果实灰霉病，主要害虫为绿盲蝽。防治方法：①葡萄萌芽前处于绒球期时，喷布 3～5 波美度石硫合剂杀死越冬虫卵、病原菌。②展叶 1～2 片时喷施 4.5％高效氯氟氰菊酯乳油 2 000 倍液，防治绿盲蝽。③开花前 7～10d 喷施 80％代森锰锌可湿性粉剂 600 倍液或 50％腐霉利可湿性粉剂 1 500 倍液，防治白腐病、灰霉病和炭疽病。④落花后 2～3d 喷施 10％嘧霉胺悬浮剂 1 000 倍和 240g/L 螺螨酯悬浮剂 4 000 倍液防治灰霉病和螨类危害。⑤葡萄套袋前喷施 325g/L 苯甲·嘧菌酯悬浮剂 1 500 倍液、50％啶酰菌胺水分散粒剂 1 000 倍液或 22％噻虫·高氯氟微囊悬浮-悬浮剂 1 500 倍液，防治灰霉病、白腐病、炭疽病等。⑥葡萄套完袋后全园喷施一次石灰半量式波尔多液。

三、玫瑰香葡萄无核化配套栽培技术

（一）抹芽定梢

早春当能见到花序时进行抹芽，每米主蔓选留靠近主蔓的 6～7 个壮芽，其余全都抹除。

（二）疏花序与花序整形

每个新梢只保留 1 个花序，其余全都疏除。留下的花序去副穗留主穗，以减少营养消耗。

（三）新梢摘心

新梢绑缚到第 3 道钢丝后进行统一摘心，只保留顶端副梢继续向上生长，4～5 片叶时彻底摘心。

（四）无核化处理技术

盛花期用 50mg/L 赤霉素＋100mg/L 无核剂蘸花穗，每个花穗都要蘸，蘸完后轻轻抖动花穗，防止药液残留。间隔 10～12d，用 50mg/L 赤霉素喷 1

次果穗，做到每个果粒都均匀喷到。

（五）果穗套袋

生理落果结束之后，全园喷1次广谱性杀菌剂和杀虫剂，药液晾干后用专用果袋进行套袋。

（六）肥水管理

根据玫瑰香葡萄不同生长时期对肥料的不同需求及土壤特点，全年要求多次施肥。

1. 萌芽肥

萌芽前5~10d，结合浇水施用促进根系生长的微生物菌肥。

2. 花前肥

在开花前结合浇水施用促进根系生长的氨基酸肥。

3. 盛花期施肥

盛花期第1次无核化处理后，结合浇水施用高氮高磷复合肥。

4. 果实膨大期施肥

花后10~15d，第2次无核化处理后，结合浇水施用高氮复合肥，花后20~30d，结合浇水施用氨基酸螯合钙。

5. 着色肥

着色前至着色完成，分2次施入钾肥，每亩施入20~30kg，以后为促进果实着色可对叶片每周喷1次0.3%磷酸二氢钾溶液和高钙叶面肥。

6. 基肥

果实采收后开沟施入有机肥。这次施肥的时间正值根系二次生长开始，可促进根系生长，提高叶片光合能力，增加养分积累，促进枝条成熟、芽眼饱满，对翌年枝条萌芽、花器发育、开花坐果及果实膨大等有重要作用。

（七）病虫害防治

应坚持"预防为主、综合防治"的植保方针，综合应用农业防治、生物防治、物理防治和化学防治。按照病虫害发生种类和规律，科学使用化学农药。

1. 农业防治

重点做好休眠期的清园工作，同时生长季的病叶、病果、病梢等集中带出园外进行统一处理，减少病原菌。合理株行距栽培，及时绑缚新梢，控制枝梢密度，提高结果部位，严格控制产量，加强肥水管理，培养强旺树势等。

2. 物理防治

根据病虫害生物学特性，采用频振式杀虫灯、黑光灯、糖醋液、性诱剂、黄板、气味物、诱捕器等诱杀害虫，降低虫口基数。

3. 生物防治

保护和利用天敌，或选用针对性的微生物农药、植源性农药和矿物源农药等。

4. 化学防治

注意各种农药轮换使用，按照规定的浓度和安全间隔期使用。

（1）绒球期

芽眼膨大时喷施 3～5 波美度石硫合剂，清除越冬病虫。

（2）1～2 叶期

喷施 80％代森锰锌可湿性粉剂 800 倍液＋10％高效氯氰菊酯乳油 3 000 倍液，防治绿盲蝽、白腐病等。

（3）花序分离期

喷施 70％吡虫啉水分散粒剂 8 000 倍液＋70％甲基硫菌灵可湿性粉剂 1 000 倍液，重点防治绿盲蝽、白腐病等。

（4）开花前 2～3d

喷施 78％波尔·锰锌可湿性粉剂 600 倍液＋1.8％阿维菌素乳油 3 000 倍液＋20.5％超浓缩高效速溶硼肥，重点防治霜霉病、白腐病、绿盲蝽等。

（5）谢花后 2～3d

喷施 25％嘧菌酯悬浮剂 1 500 倍液＋40％嘧霉胺悬浮剂 1 000 倍液＋11％乙螨唑悬浮剂 5 000 倍液，重点防治灰霉病、炭疽病、白腐病和螨类危害。

（6）果实套袋前

喷施 32.5％苯甲·嘧菌酯悬浮剂 1 500 倍液＋50％啶酰菌胺水分散粒剂 1 000 倍液＋22％噻虫·高氯氟微囊悬浮-悬浮剂 1 500 倍液，重点防治霜霉病、炭疽病、白腐病等。

（7）转色期至成熟前 20d

喷施石灰半量式波尔多液，间隔 10～15d 再喷 42％代森锰锌悬浮剂 600～800 倍液＋72％霜脲·锰锌可湿性粉剂 750 倍液。

（8）采收后至落叶前

喷等量式波尔多液。

四、红地球葡萄简易避雨棚栽培技术

（一）避雨棚的搭建

简易避雨棚搭建方法是在原葡萄架水泥立柱顶端加固 1 根长 0.8m 的支柱，使其高度达到 2.5m，水泥立柱顶端加固 1 根 1.5～1.7m 的横梁，横梁两端和立柱顶端各拉 1 道 10 号铁丝，用竹片做拱环，跨度 1.6m，竹环两端固定在铁丝上，竹环间隔距离 0.6～1.2m。竹环与竹环间用铁丝连接并扶正，每亩需碗口粗的竹竿 10 根，用于地两头水泥柱的固定，薄膜用竹片加压以及用拉绳固定在搭架的拱环上，膜的两侧卷细竹竿捆在拉紧的铁丝上。每间隔 7m，用布条将棚膜固定在葡萄老藤蔓上，防止风大揭棚。简易避雨棚搭建时间在葡萄萌芽前，扣膜时间在萌芽后。搭建完成后，行与行的间距为 30cm，这样保证了东西向的阳光都可以照到葡萄树。

（二）避雨棚内的配套管理措施

1. 覆膜及揭膜时间

每年的 4 月上旬葡萄萌芽前覆膜，目的是防止倒春寒和晚霜冻坏花芽，造成减产或绝产。10 月采果后把薄膜揭下来，使枝条充分成熟，保证叶片正常脱落，养分及时回流到根部，将薄膜清洗保存，第 2 年继续用。

2. 叶幕管理

萌芽后抹除双芽及过密芽，每米枝条保留 7 个新梢，将新梢均匀绑缚于架面上，新梢间距为 15cm。新梢绑缚至第 1 道钢丝时进行统一摘心，保留顶端副梢继续向上生长，绑缚至第 2 道钢丝后再进行统一摘心。保留顶端副梢继续向上生长，绑缚至第 3 道钢丝后继续生长，超过第 3 道钢丝后保留 3～4 片大叶进行彻底摘心，阻止继续生长，其上所有副梢全部去除。

3. 花果管理

每株留 7 穗果，多余的花穗及时抹除，及时去掉 2 个副穗。盛花期大水漫灌，拉长花穗。花后 2 周待幼果大小分明时，进行疏果，每穗留果粒 50～60粒。待果粒长至黄豆大小时套袋（花后 20d 左右），套袋前喷一次广谱性杀菌剂和杀虫剂，晾干后即可套袋。

4. 土肥水管理

①土壤管理。行间采用自然生草、机械刈割的方式。春季干旱时对土壤进行 1～2 次浅耕，进入雨季开始生草，葡萄采收后，结合施肥对土壤再进行 1～2 次深耕。行内进行简易覆盖，覆盖材料包括园艺地布、粉碎的秸秆、稻壳、花生壳、腐熟之后的葡萄枝条等。

②施肥。以基肥为主、追肥为辅，重施有机肥。果实采收后，每亩施优质土杂肥 3 000kg、复合肥 30kg，挖沟深施，浇水沉实。生长季追肥 2 次，幼果期追复合肥每亩 40kg，果实着色期追钾肥每亩 30kg。萌芽后、开花前、坐果后、着色后要喷 3～4 次氨基酸钙肥、氨基酸钾肥等叶面肥。

5. 下架埋土防寒

红地球葡萄抗寒性弱，因此，冬季修剪之后，将葡萄枝蔓捆好，在封冻前须下架埋土，以不露出枝条为原则，覆土厚度以 15cm 左右为宜。翌年春清明节前后出土上架。

6. 病虫害防治

（1）绒球期

喷5波美度石硫合剂，杀灭越冬病原菌和害虫。白腐病重的葡萄园可以用福美双与土按1∶50比例拌匀后，撒施到葡萄树周围。

（2）花序显露期

喷施80％代森锰锌可湿性粉剂600倍液＋70％吡虫啉水分散粒剂8 000倍液，重点防治绿盲蝽、白腐病、炭疽病等。

（3）开花前2～3d

喷施60％唑醚·代森联水分散粒剂1 500倍液＋10％多抗霉素可湿性粉剂1 000倍液，防治白腐病、灰霉病和炭疽病。

（4）花后2～3d

喷施25％吡唑醚菌酯悬浮剂2 000倍液＋50％啶酰菌胺水分散粒剂1 000倍液＋11％阿维·三唑锡悬浮剂1 000倍液，重点防治灰霉病、白腐病、炭疽病和螨类危害。

（5）幼果膨大期（套袋前）

喷施10％苯醚甲环唑水分散粒剂2 500倍液＋50％嘧菌环胺水分散粒剂750倍液＋22％噻虫·高氯氟微囊悬浮-悬浮剂1 500倍液，重点防治灰霉病、白腐病、炭疽病等。

（6）转色期至成熟期

喷施25％吡唑醚菌酯悬浮剂2 000倍液＋2.5％高效氯氟氰菊酯乳油2 500倍液，重点防治白腐病、炭疽病和果蝇等。

五、 烟台地区阳光玫瑰葡萄避雨栽培技术

（一）避雨棚搭建

避雨棚由立柱、横梁和拉丝构成。立柱柱距4～5m，露地栽培的，柱长2.4～2.5m，埋入土中50～60cm。横梁长度为150～170cm（行距2.5～3m），架于第1道拉丝上方20～30cm处。第1道拉丝位于距地面150～160cm处。在横梁上距离立柱35cm和70～80cm处各拉1道拉丝。

主干高1.5～1.6m，架高1.8m，两侧各距中心30～40cm处每隔35cm左右拉1道铁丝，共拉4道铁丝。1.5～1.6m高处拉1道铁丝，冬季修剪时，所有结果母蔓均回到这道铁丝上，生长期使每个新梢呈弓形引绑，促进新梢中、下部花芽分化。

（二）幼树期单干双臂＋飞鸟形叶幕培养

1. 幼树期培养

栽培株距100～150cm，行距250～280cm，南北行向。留1个新梢作为主干，超过1.5m时摘心，选留2个副梢相向水平牵引，培育成主蔓。主蔓水平绑缚，确保上面所有的副梢全部萌发。二级副梢一律留3～4片叶摘心。避免二级副梢生长过度消耗养分，促进主蔓快速生长，保证主蔓叶腋间均能发出二级副梢。三级副梢只保留顶端副梢，生长至0.8～1.0m时摘心，适时牵引其与主蔓垂直生长，形成结果母枝。结果母枝修剪一律留1～2个芽短截，春天从超短梢修剪的结果母枝上发出的新梢（结果枝），按照10cm的间距选留，与主蔓垂直牵引绑缚。按照平均每个新梢留1穗的原则，疏除过多花穗。

2. 肥水管理

第1次灌水在苗木萌发以后，如果土壤干燥就可以灌水，第1年水要勤浇，促进苗木快速成形。新梢长至30cm后开始施肥，少量多次，7月末前施用含氮量高（N≥30％）的复合肥，8月开始可以施用磷、钾含量稍高的复合肥，一定要少量多次施用。

3. 病虫害防治

展叶2～3片时，喷1次80％代森锰锌可湿性粉剂600倍液＋20％吡虫啉乳油2 000倍液或5％啶虫脒乳油3 000～4 000倍液，或2.5％溴氰菊酯乳油3 000～4 000倍液。15～20d后，再喷1次上述药剂。以后间隔15～20d喷1次波尔多液，一直持续到落叶。

（三）成年树体栽培管理技术

1. 新梢及副梢管理

（1）抹芽定梢

在新梢处于花穗可见期（新梢展叶2～3片，能判断出果穗质量）时进行抹芽。一般留芽量为每米架面单侧5～6个新梢、两侧累积10～12个新梢（因品种叶片大小差异略有不同，单侧新梢间距为15～20cm）。注意去除多余枝时，先去除病虫枝、弱枝、双生枝等，再视情况去除背上、背下枝。结果部位外移较多（新梢离开主干15cm以上）的结果枝组，应注意选留基部的更新枝（针对2年以上结果树）。

（2）主梢摘心及副梢管理

花穗前长出3片叶时进行第1次摘心，保留顶端副梢继续生长，长出6片叶时进行第2次摘心，保留顶端副梢继续生长，长出4片成熟叶时进行第3次摘心。果穗对面副梢留3片叶摘心，其他副梢留1～2片叶摘心。

（3）顶端叶幕管理

顶端叶幕保留顶端 4 片成熟叶片，超出的嫩梢用大剪刀剪掉。

2. 花果管理

阳光玫瑰优质果的标准是穗形为圆柱形，穗重 500～1 000g，60 个果粒左右重 13g 以上，含糖量在 18%以上、21%以下，无核或者每个果粒有 1 粒种子，甜酸适口，香味浓郁。

（1）定穗及整形

去除双穗，一枝一穗，优先下穗，枝条直径在 0.4cm 以下不留果穗。

开花前 2 周，花穗刚进入分离期时进行整形。疏除副穗及以下小穗，保留穗前端 3～4cm（花穗整形越早，保留的越短，越晚保留的越长），15～20 个小穗，60～100 个花蕾。或者选留其中一个副穗，保留尖端 3～4cm 进行整形。需要注意的是，阳光玫瑰树势良好时尖端容易分成 2 股花穗，花穗整形时要剪除一股花穗，保留另外一股花穗。

（2）无核处理

第 1 次处理时间在全部花开 3d 后，在下午 16 时以后，或早上，或阴天进行处理。

第 1 次处理用赤霉素 20～25mg/L，如果气温超过 30℃，用赤霉素 20mg/L＋CPPU 2～5mg/L（如果落果重用 CPPU 5mg/L），如果想让果顶洼凸出，可以加 1mg/L 噻苯隆。蘸穗 3s 以内拿出，并用挂牌标记，不同处理时间对应不同颜色的挂牌。

注意处理后要配合灌水施肥，阳光玫瑰开花不太整齐，一定要分批进行，并且要做好标记，不能重复处理，否则会得到僵果，顶端带花帽花朵属于开花状态，处理前要去掉花帽，棕色的花朵花帽容易引起果锈和霜霉病的发生。

（3）果穗整理

①整理时间。第 1 次无核处理 3～5d 后，赤霉素处理过后果梗会变长，此时可以根据穗重对果穗长度进行调整，剪除上部的歧肩，保留尖端 6.5～10cm，对应的穗重是 500～750g。

注意一定要及时整理，修剪过晚会导致尖端长势过弱，膨大不良。去除肩部，是因为这部分经过处理后，支梗容易伸长，打乱穗形，且这部分支梗果粒较多，后期疏果更麻烦。

②膨大处理。无核处理后间隔 10～15d 进行膨大处理，使用药剂为赤霉素 25mg/L＋CPPU 2～5mg/L。注意处理后要配合灌水施肥，可以一次性全园处理。药剂最好现配现用。最好的处理方式是浸穗，实在觉得费工，可以用小型喷雾器，一定要喷布均匀。要把多余的药液晃动下来，不能积聚在果穗底部，造成局部僵果。

③疏果。膨大处理后5～7d，开始进行疏果处理。要求每穗留果粒55粒左右，只留1层果。

疏果时，去小留大，去畸留正；留向外长果粒，去除向内、向下、向上生长的果粒。

保留果粒数越少，单粒重越大，穗重越小，果实品质越高。阳光玫瑰需要大肥大水，因此每次用植物生长调节剂处理完之后，都应该滴灌水肥，促进果实快速膨大。

④果穗套袋。全园喷施广谱性杀菌剂和杀虫剂（10％苯醚甲环唑水分散粒剂2 500倍液＋50％啶酰菌胺水分散粒剂1 500倍液＋22％噻虫·高氯氟微囊悬浮-悬浮剂4 000倍液），等待药液完全干后再进行套袋。

套袋前先将纸袋有扎丝（1捆100个）的一端在水中（水深5～10cm）浸泡数秒，使上端纸袋湿润，易将袋口扎紧，而且可以避免在束缚时破裂。由于阳光玫瑰容易发生日灼，因此果穗周围的副梢一定要多保留3～4片叶进行果实覆盖。条件允许的也可以打伞袋或结合伞袋套袋。

套袋前5～6d，全园浇1次透水，增加土壤湿度。喷药一定要均匀，重点是果穗。药、水干后即可套袋，最好随干随套，2d内要套完，如果下雨最好再补喷1次药。套袋需要等待露水完全干后进行，上午10时之后和下午15时之前的高温期一定不要套袋，否则会发生严重日灼。套袋时，尽量避免用手触摸、揉搓果穗，以免损害果粉。如果葡萄园面积较大，套袋持续的时间长，套袋结束后，全园应该再浇1次透水，降低园内湿度，减轻日灼。

3. 肥料管理

（1）用肥量及配比

按照亩产1 500kg果实计算，元素配比为N∶P_2O_5∶K_2O∶CaO∶MgO＝1∶（0.5～0.6）∶（1.0～1.2）∶1∶0.3，肥料利用率按照氮30％，磷、钾、钙、镁均为40％计算，每亩葡萄约需从土壤中吸收16.2kg N、7.0kg P_2O_5、25.0kg K_2O、10kg CaO、5.73kg MgO。

（2）水溶性肥料种类及用量

①平衡型肥料N∶P∶K＝20∶20∶20，20kg。②高钾型肥料N∶P∶K＝12∶6∶42，50kg。③全水溶性农用硝酸铵钙（N≥15.5％，CaO≥25％）40kg（如果全用滴灌，可以施这么多，如果有1～2次土施，可以选用别的钙肥）。

（3）水肥施用时间和施用量

①萌芽前（3月中下旬至4月中下旬），滴灌1～2次，保持土壤湿度和空气相对湿度，防止抽干。②萌芽初期（4月末至5月初），每亩施用促进生根的微肥（或者改良土壤的枯草芽孢杆菌）2～3kg＋平衡型复合肥（20-20-20）5kg，也可将平衡型复合肥换成高氮型复合肥5kg。③花序显露期（5月上中旬），

施用促进生根的微肥（或者改良土壤的枯草芽孢杆菌）每亩 2～3kg。④花序分离期（5 月中下旬），施用全水溶性农用硝酸铵钙（N≥15.5％，CaO≥25％）每亩 10kg。⑤开花前 2～3d（5 月下旬至 5 月末）施用平衡型复合肥（20-20-20）每亩 10kg。⑥花后 2 周左右（生理落果期后，6 月上中旬），施用全水溶性农用硝酸铵钙（N≥15.5％，CaO≥25％）每亩 10kg。⑦幼果膨大期（6 月中下旬），施用平衡型复合肥（20-20-20）每亩 5kg。⑧幼果膨大期（6 月末至 7 月初），滴灌。⑨幼果膨大期（7 月上中旬），施用全水溶性农用硝酸铵钙（N≥15.5％，CaO≥25％）每亩 10kg。⑩转色初期（7 月中下旬），施用高钾复合肥（12-6-42）每亩 5kg。⑪转色中期（7 月末至 8 月初），滴灌。⑫转色末期（8 月上中旬），施用高钾复合肥（12-6-42）每亩 10kg。⑬果实成熟期（8 月末至 9 月初），滴灌。⑭果实成熟期（9 月上中旬至 9 月末），施用高钾复合肥（12-6-42）每亩 10kg。⑮果实采收后每亩施用有机肥 1～2t＋全水溶性农用硝酸铵钙 10kg＋高钾复合肥（12-6-42）25kg。

4. 病虫害防治

阳光玫瑰比较抗病，重点要防治好叶片的霜霉病和果实的白腐病（表 12-1）。

表 12-1　病虫害防治规程

施药时期 （葡萄物候期）	喷药次数	主要病虫害防治对象	防 治 方 案	备注
绒球期（葡萄芽膨大成褐色绒球，但未见绿色组织）	1	白腐病、炭疽病 介壳虫、绿盲蝽	喷 3～5 波美度石硫合剂	清理葡萄园中落叶以及葡萄架上的卷须、枝条，剥除老树皮等
花穗分离期	1	灰霉病、穗轴褐枯病、炭疽病等	杀菌剂：80％代森锰锌可湿性粉剂 600～800 倍液	
		绿盲蝽、斑衣蜡蝉等	杀虫剂：70％吡虫啉水分散粒剂 8 000 倍液或 10％高效氯氰菊酯乳油 3 000 倍液	
开花前 1 周	1	灰霉病、白腐病、炭疽病等	杀菌剂：60％唑醚·代森联水分散粒剂 1 500 倍液＋10％多抗霉素可湿性粉剂 1 200～1 500 倍液或 50％咯菌腈悬浮剂 3 000～5 000 倍液	重点喷药位置为花穗和果穗
		透翅蛾、金龟子、叶螨等	杀螨剂：15％哒螨灵乳油 1 000～1 500 倍液	
			杀虫剂：3％啶虫脒乳油 2 000～2 500 倍液	

（续）

施药时期（葡萄物候期）	喷药次数	主要病虫害防治对象	防治方案	备注
落花后2～3d	1	灰霉病、白腐病、炭疽病、霜霉病等	杀菌剂：25％嘧菌酯悬浮剂1 500～2 000倍液＋40％嘧霉胺悬浮剂1 200倍液	重点喷药位置为花穗和果穗
		介壳虫、透翅蛾、蓟马等	杀虫剂：5％甲维盐水分散粒剂3 000倍液、80％烯啶·吡蚜酮水分散粒剂5 000倍液	
果实套袋前	1	霜霉病、白腐病、炭疽病、灰霉病等	杀菌剂：32.5％苯甲·嘧菌酯悬浮剂1 500倍液＋50％啶酰菌胺水分散粒剂1 000倍液	
		棉铃虫、叶蝉、康氏粉蚧、绿盲蝽等	杀虫剂：22％噻虫·高氯氟微囊悬浮-悬浮剂1 500倍液　杀螨剂：11％乙螨唑悬浮剂5 000～7 500倍液	重点是果穗
转色期至成熟前20d	1	霜霉病、白腐病、炭疽病、灰霉病、酸腐病等	杀菌剂：77％硫酸铜钙可湿性粉剂600～800倍液＋75％肟菌·戊唑醇水分散粒剂5 000倍液	
采收至落叶	1	霜霉病、褐斑病等	杀菌剂：石灰半量式波尔多液	重点保护叶片